心智圖思考力

加薪的祕密武器，用腦提升職場競爭力，王聖凱教你有效提升
問題分析與解決能力、創意思考能力

中華心智圖協會理事長 **王聖凱** 著

目錄
contens

我在奧瑞崗辯論、社團活動計畫、公司發展目標，都使用心智圖來幫助自己，把每個環節想得更完整，對我的幫助很大。我也在青商會大力推廣心智圖法，心智圖是我出社會後覺得最實用的工具。這本書提到許多職場應用的例子，還有練習題，這本書可以讓你真正學會心智圖，為自己的生活畫出一條捷徑。

——林恩億

國際青年商會中華民國總會 總會長

　　面對快速變遷的挑戰，有時我需要在極短的時間內做出決策，透過「心智圖」，在思考事情時能夠輕易的化繁為簡、掌握關鍵，同時也能引導員工邏輯性的思考，讓溝通和執行變得更容易掌握。

——楊智淵

加州椰子國際集團董事長

　　現代人就業，學歷、經歷、體力、意志力只是基本條件。而創造力、記憶力更是提升自己的競爭力！值得推薦的一本好書，無論在工作、家庭、親子溝通、人際關係溝通上面讓您無往不利！薪資等於能力、等於效率，學習心

智圖在提升我們的效率：把複雜的事情簡單化，簡單的事情重複做就容易成功！

王聖凱老師的啟發教學方式，更是讓您成為企業尋覓的好人才！

——高淑娟

龍巖集團北三區 副總經理

實務工作中有許多個案發生，往往沒有標準答案，學習心智圖可提升思考力，可更理性且多層次來分析不同的方案，以做出更正確的決策！活用本書教導心智圖方法，對提升職場能力會有很大助益！

——李冠輝

雄獅旅遊人資部 資深經理

心智圖對於學習者的擴散性思考與設計思考的過程具備有輔助效果，可以做為知識彙整與創意發想的工具。這本書用淺白方式介紹心智圖的繪製，與運用心智圖學習的過程，值得入門的夥伴閱讀。

——侯惠澤

國立台灣科技大學 特聘教授

　　王聖凱理事長運用心智圖學習法腦力激盪，開發無限學子的學習力、創造力、思考力、理解力、整合力、組織力、圖像思考力……提昇大腦工作效能開發等。

　　腦力鍛鍊法就猶如訓練優秀運動員一般。身體基本素質鍛鍊需要處方，頭腦記憶心智也需要寶典，一同前進奧運殿堂，此書就是心智運動高強度寶典！

——李佳融

國立台灣師範大學運動競技學系教授／國家跆拳道隊總教練

　　王聖凱老師多年在台灣從事思維導圖（心智圖）的推廣和教學工作，幫助很多人在這個資訊爆炸的時代理清思路、破除干擾，提升學習和工作效率。如果有機會，你一定要聽他授課。你會發現，原來「天才」般的思維也是可以複製的！

——郭傳威

世界記憶運動理事會／中國區委員會祕書長

　　王聖凱老師是台灣第一位世界思維導圖（心智圖）認證裁判官。顧名思義，王老師在思維導圖（心智圖）上的認知能力，已經達到世界級別的水準。

這本書的誕生能為您揭開更多對於思維導圖（心智圖）上的迷惑，讓您畫出世界級裁判水平的思維導圖（心智圖），美滿您的人生、豐富您的事業規畫！

——趙金富
亞太記憶運動理事會 副主席

王聖凱老師是台灣地區心智圖和記憶學的專家。也是世界記憶錦標賽和世界思維導圖錦標賽的國際認證裁判。在過去的五年裡，多次與王聖凱老師執行國際比賽，在心智圖和記憶學專業競技領域裡，王聖凱老師也成為國際專業的評判專家。

本書不僅僅從學習和職場的角度，全面講解心智圖和記憶學的應用和思考，也結合了作者多年來在國際競技交流中總結的世界頂尖技術及心得。本書更適用於希望了解、學習心智圖的在校生和職場人士，全面提升工作及學習效率。

——何磊
世界思維導圖錦標賽 烏魯木齊賽區組委會主席
世界記憶運動理事會 亞太區裁判長

開啟全腦學習的旅程

21 世紀的我們身處於一個知識爆炸的年代，新的資訊正以一種難以想像的倍率增長著。倘若能預判、利用新知，才能在競爭激烈的社會中搶得先機，將知識轉化為利潤。然而，大家正在苦惱如何消化現有知識的同時，卻已無更多的時間、腦力再來應付成千上萬的新資訊。於是，有人躊躇不前，甚至放棄學習，但大腦也會用進廢退，到底我們該如何自處呢？

身為一位認知心理學教授，在課堂上我教導學生們如何研究大腦、了解人腦的結構與相對應的功能，將人腦與電腦進行類比，說明人腦這個強大的訊息處理器如何感知、注意、記憶外在事物，並作出正確且有效的決策判斷。然而，課堂上的學習僅著重於理論探討，教科書中所提到相關的輔助記憶方法（如：聯想法）也難以在生活中實踐。「心智圖」這個名詞，更是我在大學時代學習認知心理學便聽過的學習記憶方法，但也沒有機會進一步練習，活用於對日常生活事業的理解與思考中。

「心智圖」是一個幫助學習、記憶、且有助於創意思考的方法。倘若能夠活用心智圖技巧，將可以幫助你整理繁雜的資訊、抓出重點，有效地進行分類、組織及整理；而後，提升記憶力與學習表現，並可作為腦力激盪、促進

創造力的工具。聖凱的書中，以淺顯的文字搭配有系統的指導，引導讀者了解心智圖技巧的使用方法，並活用於各式的生活難題上，可作為入門的重要參考。

　　還在抱怨自己記憶退步了嗎？還在擔心小朋友的學習跟不上其他人嗎？還在責怪員工沒有創造力嗎？就像是肌肉需要時常鍛鍊才能強壯，大腦也需要天天訓練，才會更加聰明。訓練自己的大腦永遠不嫌晚，只怕你不動腦而已。套用聖凱書中的話，心智圖訓練的是學習力、思考力及創造力，它將開啟一場全腦學習的旅程。趕快一起開始學習開發自己的大腦吧！

國立成功大學心理學系教授　楊政達

工欲善其事，必先利其器

這幾年在各個社交媒體上，看到王聖凱老師不只受邀在臺灣知名企業上課，還在大陸各地推廣心智圖（Mind Mapping）的教學，包含北京、上海、廣州、武漢還有新疆等地，讓許多學員能夠用這種邏輯思維來處理相關的書面資料，大幅提升在工作上的效率，非常讚佩王老師的教學專業與對兩岸學員的幫助。

牛津英語大師 路易思也在 2009 年 7 月起，出版了一系列的英文單字記憶叢書，也都是運用類似心智圖（Mind Mapping）的圖表製作完成，尤其是《牛津英語大師教你看圖學會字首字根字尾》乙書，獲得台灣地區連續三個月網路書店暢銷書排行榜第一名的殊榮。2019 年 3 月，牛津英語大師 路易思老師再接再厲出版了《牛津英語大師用 THINK MAP 教你多益單字》乙書，上市後短短 6 天也勇奪網路書店新書排行榜第二名。THINK MAP 也是類似心智圖法的一種思考模式。

「工欲善其事，必先利其器」。欣聞王老師關於心智圖的書出版在即，牛津英語大師 路易思在此誠心推薦兩岸讀者趕快訂購此書。只要能夠好好運用裡面的理論與技巧，必能快速整理學業或工作上的各種筆記資料。掌握此書並

學會更完美的筆記效率整理術，指日可待！

牛津英語大師 路易思

別無選擇，
你必須提升你的**競爭力**

過往從來沒有一個時代，像現在那麼重視你的腦力。

事實上，迎向未來的社會，我們只有更加活用自己的頭腦，才能在變化萬千的世界中脫穎而出。這樣的趨勢，的確是近十幾年來才逐步發生的。我們先回顧人類的成長歷史，如下圖：

時代	延續時間	競爭特色
野蠻時代	幾萬年	人類要和野獸競爭，重視的是身體本能
農耕時代	幾千年	人類要多生產作物才能養家，重視的是體力
工業時代	一、兩百年	人類要以最高效率做最大產出，重視的是勞力
資訊時代	幾十年	電腦問世，懂得電腦的人才有優勢，更加重視腦力
知識經濟時代	正在進行中	電腦結合網路，人們擁有更多資訊，非常重視多元腦力
AI 人工智慧時代	下一階段	人工智慧時代，非常重視創造力

💡 這是知識經濟的時代

不同的時代有不同的優勢，當一項技術不符合時代，可能也就無用武之地。

如今時代真的不同了，腦力決定一切，能夠靈活運用頭腦的人，才能創造每一天更大的價值；特別是懂得結合各類工具，讓效率提升的人，其所創造的差距，相差不只萬里計。

如果僅是懂得使用電腦、上網查詢資訊，或藉由 App 連結專屬服務這類的事，在現代那只叫做基本功，是大家都會的事。不懂資訊應用的人容易被淘汰，但懂的人也不代表就能脫穎而出。

特別是以 1990 後出生的人來說，他們根本出生在資訊時代，用手機快速連結世界，對他們來說就像呼吸一樣簡單。除了頂級駭客外，很少人可以說自己是 3C 高手。

到了這樣的時代，要真正脫穎而出，就必須靠獨特的競爭力。

如前所述，每個時代的競爭力定義不同。過往曾有一個時代，體力強者可以稱王；但到了現代，競爭力主要是靠腦力定勝負。

不過，腦力應用也有境界之分。比如上網這件事，人人都可以輕鬆滑手機、Google 任何冷門知識的出處。但重點是關鍵時刻，比如老闆交辦你查一個資料，或者遇到什麼突發狀況想要尋找法律條文時，你會發現，光會使用基本工

具，不代表你可以即刻因應生活需要。當你點選一個標題，網路上劈哩啪啦跑出幾十萬筆資料，對你來說，這麼多資料等於沒有資料，不如有個一目了然的制式解答更好。

如何搜尋、如何掌握關鍵字、如何在面對問題的時候，用邏輯方式先思考，再來做分析以及取捨抉擇，這就需要智慧。

這也是知識經濟時代的特色，你不只要很聰明，並且要「善用你的聰明。」

想要善用，必須靠一套有系統的訓練，還要搭配適當的工具，這就是本書即將為大家介紹的心智圖法。

💡 聰明不等於有競爭力

談起聰明，許多人第一個想法，會覺得那是「天生的」。

若是如此，那人們的命運就是天注定的，畢竟有的人一出生智商就比較高，有人則否。

每個人的大腦表現方式，可能在不同領域有不同呈現方式，包括學習力、理解力、觀察力、判斷力、記憶力、想像力、創造力等等。有的人可能善於背誦，有的人可能理解力強，表現在職場上，有人擅長工程應用計算，有人擅長數字計算，有的人則擅長法庭辯論等等，無法說哪個人一定比哪個人更聰明。

真正影響人生發展關鍵的，還是競爭力；如果一個人想像力很豐富，但不懂得應用，那他還是沒競爭力，或者如果一個人擁有創造力，卻沒有在適當的環境裡得到栽培，

那原本的天才也可能在勞碌的奔忙裡凋萎。

凋萎？是的，這是一般人常忽略的一件事。那就是：人類的腦袋，若不常使用是會越來越萎縮的。

讀者可能想問，這怎麼可能？我們不是每天都在「用腦」嗎？

其實，若是我們經常用錯誤的方式思考，當錯誤思考變成生活習慣，那麼腦力就會衰退。

比如太多人總是用硬背的方式來記憶，導致從小到大，浪費了許多腦力。又比如現代人過度依賴 3C 產品，碰到事情就上網查，導致已經把「思考權」轉移給電腦。哪天若是大停電，無法使用電腦，他們甚至連怎麼生活都不會了。

時代在變，腦袋也要跟著變

如何提升競爭力？特別是在這個知識經濟的時代，該如何因應挑戰？

首先，透過網路就唾手可得的知識，以及爆炸的資訊量並不是問題，真正的問題，是你能否快速理解應用這些資訊？

身在職場的我們，有三個基本能力不可或缺，那就是學習力、思考力以及創造力。透過這三種力，可以讓一個人在面對各種問題時，得以充分發揮實力，脫穎而出。

本書也將透過心智圖，導引大家加強這些方面的訓練。

下一個時代已經不遠，這個以雲端運算、大數據為特色的 AI（人工智慧）時代事實上可說已經處於「現在進行式」，只是尚未全面普及到庶民生活中而已。

AI 時代的特色之一，就是非人腦的作業模式增多，從生產製造到日常生活，各種機器人應用以及物聯智慧功能紛紛被發明出來，比如汽車的「自動駕駛」、高科技工廠生產線上的機器手臂、甚至醫學應用的手術機器人等，都是例子。

那麼身為「凡人」的我們，未來怎麼跟這些 AI 競爭？由人類創造出來的機器人，似乎在各方面正逐步取代人類，你可以想到的事情它幾乎都會做，並且做得比人類更精準。眾所皆知，AI 下圍棋已經在公開競賽中勝過棋王了，甚至像是作曲、寫作這類需要「靈感」的工作，機器人也可以勝任了。到了這樣的時候，那人類還有什麼優勢？

當然還是有的，人類的優勢，就是我們擁有創新發明的能力。機器人永遠是在人類給予的指令下工作，它的執行力再精準，也無法超越人類設定的指令。而人類擁有無與倫比的想像力，這不只表現在藝術上，也具體表現在生活及工作中，許多時刻的「靈機一動」上。對一個機器人來說，若叫它早餐做個荷包蛋，它不會突然「想到」今天是主人生日，刻意在蛋上設計個愛心圖案，這是只有我們人類才想像得到的。

此外，人類還具有應變力以及聯想力，我們可以想出「出乎意料」的方法來解決問題。比如有人下棋眼看要輸了，

就把棋盤打翻乾脆悔棋，機器人是不可能想到的。也好像三國時代的反間計、連環計，機器人是完全無法想到的，它也無法「理解」透過人性弱點來使用計謀的奧妙之處。

當然，所有的這些「力」，也都需要透過學習、透過人生歷練才能加強。心智圖正是可以幫助我們提升自己、增強競爭力的絕佳工具。

心智圖可以應用在生活中的各個層面。除了人生的各種競爭場合，如考證照、職場管理、以及公司競爭力評估等，也可讓生活各個領域更加開闊、有內涵。

多年的教學經驗，如何用心智圖提升學習力、思考力與創造力，我都分享在這本書中。

心智圖是種方法，方法一定要透過練習才會熟能生巧，所以，這本書各章節的結構中，不但有理論、舉例，更有練習。

從理論過程中接觸心智圖、在舉例過程中了解心智圖，還可以在自己練習畫心智圖的過程中，真正學會使用心智圖。本書除了老師舉的例子外，每一章後面還有學員應用實例分享，它可以幫助你觸類旁通，思考心智圖還可以應用在哪些不同的地方。

人人都該學心智圖，就讓我們翻開此頁，一起走向更有競爭力的未來。

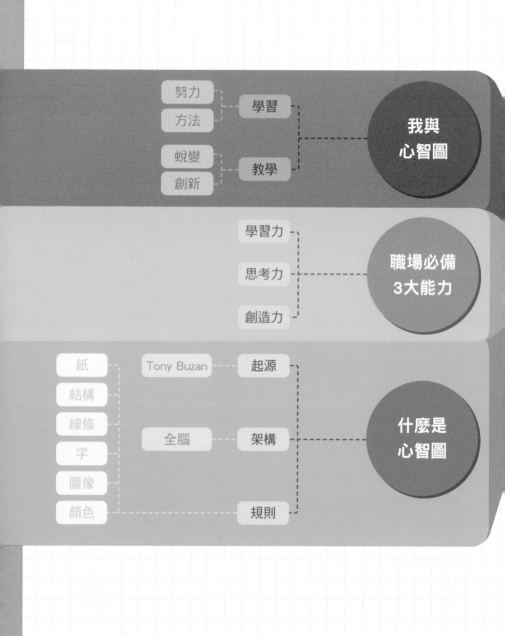

努力
方法
蛻變
創新

學習
教學

我與
心智圖

學習力
思考力
創造力

職場必備
3大能力

紙
結構
線條
字
圖像
顏色

Tony Buzan
全腦

起源
架構
規則

什麼是
心智圖

chapter
1

歡迎進入
心智圖的世界

我與心智圖

心智圖的應用，的確可以加強工作及生活效率，這一點，我本身就是個最佳實證。

我本身不是那種天資聰穎型的人，當我看到許多人似乎輕輕鬆鬆考前隨便複習一下就能考高分，我卻只能乾羨慕，大三以前我都必須要很努力的 K 書，才能達到足以過關的成績。

心智圖打開我的學習之窗

本身是桃園人，五專讀的是台北城市科大，當初學習沒有方法，讀書只能靠死記硬背，學習成績一直非常差。在專科四年級的時候，只是不想太早去當兵，就去補習，想要繼續升學。雖然讀書沒有方法，不過我非常有耐力與非常努力，經過苦讀兩年才讓我考上大學，那時我在台大農經系就讀，發現所謂的台大人可以粗分成兩種，一種就是如前所述，天資聰穎、很會念書，考試拿高分如探囊取物；另一種類型則是跟我一樣，必須念書念得很辛苦，以勤補拙。

在那個年代，我就已經發現，即便是很會考試、很會念書，也不代表那樣的人將來可以因應各種社會挑戰，因此，我除了學校課業外，也想積極學習不同技能和觀念。

台大本就是個學習環境很多元的地方，在那裡，我到處都可以看到各類海報張貼在不同的公布看板上，有各式各樣的演講和活動可以參加。就在那時候，我開始接觸了心智圖，透過講座，我對這門影響學習方式的新知非常有興趣，進而決定除了參加講座之外，也跟隨當時的授課老師去校外正式的機構上課。我在記憶學苑初階班研習，學習了全腦記憶、心智圖與快速閱覽，之後共花六萬元進修全腦學習師資培訓班，那年我才大學四年級，但我已經是可以合格公開教授全腦學習課程的老師了。

　　記得剛開始報名學習時，我還不敢讓家人知道，用自己打工存的錢付學費，畢竟這是個當時一般人較少聽聞的領域。直到我取得正式師資資格，才敢打電話讓家人知道我的決定。大學四年級開始，我就開始進行一對一教學，之後逐步擴大我的教學規模，從基礎的心智圖教學班，到可以教授師資班，直到今天，我已經教學超過十六年。期間我為了更加精進自己的功力，到海外和心智圖的發明人東尼‧博贊（Tony Buzan）親自學習，取得心智圖國際認證講師（TBLI）。

💡 教學蛻變：1.0 到 3.0

　　由我來教學，的確最能符合學生的需要，因為我懂他們的心，我自己就是苦讀出身的，知道念書若不懂竅門，那會是多痛苦的事。若能讓他們知道，原來學習可以有技巧、記憶可以有方法，只要能抓住竅門，就能突破自己的

學習境界，節省很多時間。我的初心，就是想幫助別人。

記得我的第一個學生是個國中女孩，她就是典型的認真苦讀型孩子。當時我上課的時候，她的母親也在場陪席，做母親的都會希望孩子讀書不要那麼辛苦，後來我的方法也的確對她有所幫助。

剛開始教學時，我只會完全模仿與複製老師所教的，講述式的教學是 1.0 的教學方式。經過磨練與學習，我慢慢提升個人教學技巧，進階到教導技巧與方法的 2.0 教學方式。學生們來上課，感覺學到許多學習的方法與技巧，但是，大部份學生還是不懂得如何應用在課業上與工作上。

這讓我慢慢體認到，除了教會他們方法與技巧外，還要教他們如何應用。所以我開始研發新的教學方法、教材，以及學習簡報技巧，並去國外直接向心智圖發明人東尼‧博贊學習。同時，我自己也把心智圖應用在考普考上，後來成功考到普考不動產經紀人與普考不動產地政士的證照。自己運用心智圖的實戰經驗，加上累積數千小時的教學經驗，讓我的教學從教技術的 2.0 提升到教應用的 3.0，從「術」轉變為「道」。

現今全球教育趨勢是素養導向教學、遊戲化教學，我是在四年前開始研究遊戲化教學。2016 年起在台北教育大學進修碩士學位，2018 年碩士畢業後，馬上再研讀博士班。身為老師也需不斷進修學習、不斷提升教學技巧，與運用更符合學生學習效益的教學方法。努力蛻變個人教學技巧與方法，期望再往教學 4.0、5.0 提升。

我剛開始的教學對象都還是一般中學生，以幫助他們脫離「背書苦海」為目的，但漸漸的我發現，其實這套學問可能更適合用在企業界。

　　因為學生主要的問題畢竟就是讀書，但企業員工要面對的是更加複雜的現實，舉凡執行公司交辦的任務、面對市場挑戰時如何企畫商品應戰，還有種種當大環境出現變化、當危機發生時該如何應變等等。比起學生，企業界其實更需要加強各種學習力，因為他們的競爭力，無時無刻都在被考驗著。

　　因此後來我開始受邀到企業界培訓，在許多知名的大企業，包括國際品牌 Nike、DHL，以及兩岸上市櫃公司如康和證券、上銀科技、中石化、光大銀行、東風集團、龍巖等數百家企業，都是我服務過的客戶。

東尼‧博贊 (右) 親自認證心智圖國際認證講師

職場勝利組必備的
三大能力

處在瞬息萬變的社會，人們在職涯中也經常面臨多重挑戰。

首先，我們要定義自己在職場上的方向。例如一個尚未就業的人，如果想準備就業，想朝哪個領域前進？要先從什麼產業開始？如果是已經在職的人，也有多樣的選擇，是想在原本崗位上爭取步步高升，還是想轉換跑道、另謀發展，亦或是正準備計畫自行創業等，這些都需要靠智慧判斷。

在職場中所扮演的不同角色、所處的不同位階，都會面臨到不同的抉擇。從企業的老闆、執行長等高階主管、高度專業人士，到中低階管理職或基層人員等，在職涯發展抉擇上，都有不同因素要考慮、不同難題要面對。

如何因應每個難題，將決定一個人的未來會朝哪裡發展。例如一個基層員工可能幾年內就披荊斬棘打拚到執行長之位，一個企業經理也可能因為領導不佳轉眼間就被開除。關鍵就在於，是否具備提升自己角色能量的競爭力。

三種基本競爭力

處在知識經濟時代，並迎向 AI 人工智慧時代，如今我

們所需要的競爭力，必須由以下三種能力所構成。

▌學習力

知識來自哪裡？知識來自於四面八方，也可能來自各種管道。從前在校的時候，還有教授依照課綱給予明確的路徑，可一旦踏入社會，一個人是否成長，一切要靠自己。該去哪裡增長知識？要跟誰學習？如何讓學習更有效率？這些都需要學習力。

基本上，社會由三種人組成：先知先覺者、後知後覺者與不知不覺者。

先知先覺者是率先掌握知識、掌握趨勢的人，他們可能長期注意流行脈動，關心社會發展，也經常吸收國內外新知，並且可以有效地把知識化為實務應用。後知後覺者，則可能晚了先知先覺者好幾拍，可能到了某件事已經很普及才知道，但無論如何，只要知道了並且懂得去應用，那麼他最終還是可以取得一定的社會競爭力。

反之，若一個先知先覺者，明明「知道」某種知識，但最終卻沒有去學習去落實，那麼「有」也等於是「沒有」。至於不知不覺者，那就更不用說了，連上競技場的資格都沒有，那就只能等候在被淘汰的隊伍裡。

那麼，我們該如何才能知曉種種新名詞新趨勢？又該怎樣快速吸收新知？比如，什麼是 Fintech、什麼是區塊鏈、什麼是 AI 人工智慧？而這些術語和我們有什麼切身關係，又該如何應用？這些資訊我們不懂有沒有關係？如果不懂，我們會不會和社會發展脫節？如果非懂不可，又如何讓自

己的腦袋在如此資訊爆炸的情況下，持續吸收新知呢？

以上種種問題，最終的解答都要靠學習，只不過，學習的方式絕不是靠硬背。透過心智圖，可以有效的幫助學習力提升。

▌思考力

生活上常會遇到很多問題，我們不只需要一一解決，還必須用最「有效」的方式解決。

許多人從小就有種依賴性，一碰到問題就找爸媽求救，若長大後還是如此，這樣的人就會被稱做是媽寶；在學校有問題可以問老師或同學，但若到了職場還是「每事問」，那老闆就要說話了：「我聘請你，可不是要你來『問問題』的。」

曾經有家企業的業務同仁，某天接到下游廠商電話，告知某個物料供應時程可能出問題，嚴重的話會影響這一季的供貨量。接到電話的員工急急忙忙跑去敲總經理室的門，到那裡卻發現門上貼著一張紙，上面寫：「這裡是總經理辦公室，歡迎有問題隨時來找我討論，但有個前題，你必須已經先想好幾個解決方案，再進來和我討論，我不歡迎空手而來的人。」

的確，公司聘請你，就是要你展現價值。許多人已經習慣「被交辦任務」，卻不懂得思考如何解決問題。或者更多人，過著日復一日、千篇一律的生活，一旦有突發狀況發生，就愣在那裡。

腦子不用是會生鏽的，未來的社會，只有懂得思考的人，才能存活。而心智圖也可以在培養思考力方面，帶來很大的助益。

▌創造力

　　當問題發生時，我們背負著必須解決它們的任務。大部分時候，問題基本上還是發生在可以理解的舊思維範疇裡。諸如機器故障、意外事故影響工廠交貨期等等。

　　然而，人類的生活不會日復一日在原本的舊軌道上運轉，否則人類也就不會從農業時代進展到工業時代、資訊時代了。

　　所謂創造力，是可以創造一個完全不同的新世界。在新世界，發生的任何狀況可能超越舊世代思維腦袋的想像，必須突破舊有框架，才能找到解答。

　　如同愛因斯坦所說，「想像力比知識更重要」，因為知識有限、想像力無限，很多發明都來自於想像力。

　　試想，在一個飛機尚未發明出來的世界裡，當人們想前往一個幾百公里遠的地方，他們殫精竭慮、絞盡腦汁可以想得到的交通方式，頂多就是各種和輪子相關，或特殊跑馬品種之類的範疇內。若是兩個地點的距離遠隔重洋，那他們很可能直接放棄思考，覺得那已經遙不可及，也只有冒險家會搭船九死一生去探險。

　　在以前沒有電腦、沒有網路的時代，人們也根本無法想像，這世界有一天會變成現在的樣貌：絕大部分人的工

作方式，是成天到晚坐在一種叫做「電腦」的機器前；走在路上，每個人都拿著一片名叫「手機」的玻璃，有時候自言自語、有時盯著畫面手指滑來滑去。對過去的人而言，這些都「超乎想像」，但最終卻也真的催生新文明。

創造力是世界進步的關鍵，沒有創造力，人們就永遠活在舊有的模式裡，只能從 1.0 進化到 1.9999999，卻無法進步到 2.0。而透過心智圖，也可以有效加強一個人的創造力。

💡 誰需要這三種競爭力？

以上所說的三種競爭力，絕對是現代職涯缺一不可的。如果一個企業普遍缺乏具備學習力、思考力、創造力的人才，那麼企業本身的競爭力會出問題，會發生團隊作業沒效率、產品跟不上時代的情況，也可能出現資源應用不佳導致成本無法掌控，最終市場占有率節節敗退，甚至企業可能面臨被淘汰的命運。

我們每個人可以反思，自己是否具備這三種能力？能力程度又是如何？

▌企畫部、研發部人員，絕對需要創造力

新產品上市了，要用什麼方式把產品推廣出去？在多媒體時代，有什麼更新穎的方式可以做行銷？如何讓自家產品在市場上脫穎而出？是否該在產品上，設計一個前所未有的新功能？

即使不是企畫、研發人員，若具備創造力，任何一個

部門的人都可以點亮自己的前途。例如管理人員可以靠創意改變工作流程、業務人員可以自己發展出全新的業務技巧、設計師可以設計出新觀念的版型等。只要肯動腦，找出自己的創造力，任何人都可以對企業帶來突破性的貢獻。

▌各部門的人，都必須具備思考力

對於已是主管層級的人來說，這更是基本要求。實務上，站在愈高位的人，就必須思考得愈長遠，包括公司營運的未來、企業內部人事布局、以及下一季的產能分配等等，心中都要有個超越一般員工的藍圖。

至於第一線的工作人員，小至總機櫃台，大至首席工程師，人人也都要對自己每天的工作，具備基本的思考力。

當有突發狀況發生時，我該如何解決？這些狀況可能包括機器壞掉了、老客戶提出抱怨了、這個月業績大幅下滑，甚至是我好像被同事排擠了……等等。只要發生問題，就需要思考、解決，而不是坐以待斃。

即使尚未發生狀況，也要常常思考。我今年過得不錯，但這個工作模式明年還適用嗎？我現在使用的軟體，是否快過時了，到時候該怎麼辦？我所處的行業會不會是夕陽產業，我是否該及早因應？

任何時刻，每個人都該思考。

▌學習力，人人都需要

身為老闆，如果不學習，將會拖累整家公司一起走下坡；處在各個部門不同職位的人，若是肯學習，可以增加

技能、提升工作效率，職業生涯也會有所提升。

業務部門的人，懂得學習新的社會趨勢、了解新的話題，就可以持續拓展新的客源、業績源源不絕；相反的，若不自我精進，終究變成找不到客戶，在公司也會逐漸待不下去。

技術部門若總是使用舊技術，終究會過時：設計部門若總是把同一種風格套用在所有作品，那最後也可能會被新人取代。

所以，人人都需要學習。就算只是當個家庭主婦，也必須了解社會變遷，當先生回家時，話題能夠跟上，否則一方已經成長，一方卻永遠處在狀況外，婚姻也容易亮紅燈。

說到此，該準備讓心智圖登場了。

我們知道，這是我學習超過十六年，覺得可以提升競爭力的重要學問。

我們知道，這是每個職涯人，在學習三種競爭力時必備的重要學習工具。

心智圖是一種學習與思考的方法，各種方法要經過練習才能熟能生巧。我將把十六年來的教學經驗分享在這本書，有助你簡單快速的上手，同時本書中也有許多練習題讓你能夠真正掌握心智圖，應用在生活與工作上。

心智圖到底是什麼？為何心智圖可以提升三大競爭力？怎麼個提升法？以下將一一介紹。

什麼是心智圖？

要介紹心智圖，可以用一個最簡單的方式。

那就是從自我介紹開始。

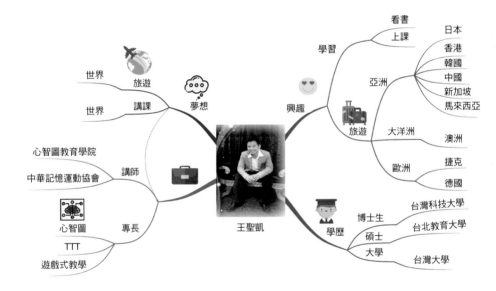

心智圖自我介紹跟一般自我介紹有三大不同：

第一、心智圖是放射性的

第二、心智圖讓人一目了然

第三、心智圖不但分門別類，還使用顏色以方便區隔

　　這些是心智圖在「形式」上一眼就看得到的優點，而在「實務」上，心智圖更是可以落實在學習力、思考力以

及創意力等方面，為每個人帶來實質的競爭力提升。

心智圖的源起

心智圖是英國學者東尼・博贊（Tony Buzan）於 1970
年代提出的一種輔助思考工具。他研究了心理學、神經語
言學、記憶的技巧、大腦的構造、左右腦的智能還有語義
的網狀結構等，在此基礎上提出了心智圖的概念。

從一個主題出發，在平面上畫出相關聯的物件，看起
來很像一顆心臟及其周邊的血管圖，故稱為「心智圖」。
由於這種表現方式比單純的文本更接近人類思考時的空間
性想像，所以愈來愈被大家用於創造性思維的過程中。

影響心智圖發展關鍵的是語義的網狀結構，其發軔初
期約在 1950 年代後期，並且在 1960 年代早期由美國科學
家艾倫・柯林斯（Allan Collins）和羅斯・奎利恩（M. Ross
Quillian）進一步發展，這項發展後來也成了心智圖的基礎。

心智圖被教育學家、工程師、心理學家和其他科學家
使用在學習、腦力激盪、記憶、視覺記憶和解決問題等。

心智圖像是把瑞士刀，具備多樣功能，不同的人都可
以透過心智圖，提升自己的工作效能。例如行銷人員可以
用心智圖作企畫、老師可以用心智圖做課程規畫，管理人
員則可以廣泛將心智圖用在不同的專案上。

經過許多企業的實際證明，心智圖真的能夠有效提升
員工工作與學習效率，例如波音公司引進心智圖的作法，

讓公司省下一千一百萬美元的培訓成本。

許多知名企業家也紛紛加入使用心智圖的行列。你知道微軟創辦人比爾蓋茲（Bill Gates）和美國前副總統高爾（Al Gore）兩人之間有什麼共通點嗎？知名媒體《TIME》雜誌曾專題報導，答案就是心智圖。這兩位頂尖人物，都將心智圖應用在提升各自領域的工作效率上。媒體曾登出一張高爾的辦公室照片，乍看只見他的辦公室裡有許多書籍資料雜亂堆放著，但仔細觀察，可以發現在高爾辦公桌伸手可及的前方書櫃上，就貼著一張可以立即檢視的心智圖。

台灣媒體也曾報導過，許多成功者不只思考模式與一般人不同，連寫筆記的方式都不一樣，但他們有個共通點，都是應用心智圖做生活管理。

基本上，心智圖的架構，其實就是大腦的架構。如果我們用透鏡仔細檢驗大腦，會發現大腦是以突觸進行資訊傳播，若用圖畫將這種傳達方式呈現出來，畫出來的剛巧會是一張心智圖。

也就是說，心智圖的設計更能因應大腦的思維習慣，能讓原本的線性思考，真的變成全腦思考。特別是在增進學習力上非常實用，因為在學習的時候，能夠左右腦共同運轉，才能達到最佳效果。

這部分，我們也將在後續學習力的部分繼續介紹。

1

心智圖的世界

💡 心智圖的基本架構

若以外型來看，心智圖可以有很多種樣貌，但即使可以發展多種樣貌，心智圖有幾個基本原則是不變的，它的兩大基本核心是：

a. 心智圖有個中心主題

b. 以這個主題為中心做放射性發散

以上兩點是基本的核心，從前面的例子可以看出，單單以這種模式製作的自我介紹，就明顯與傳統條列式的方法有很大不同。

傳統上，不論是整理文章或安排工作進程，最常用的就是條列法。但條列法也導致許多學習困難，許多學生念書就只會照順序背，第一點什麼、第二點什麼、接著第三點什麼……，一旦漏掉第二點，後面的就全接不上去了。

當然，條列式有其必要，畢竟以「紀錄」來說，條列式清楚明瞭。但是在「應用」時，我們就該使用更彈性的方法。

▋心智圖的特色

a. 心智圖會畫上各種插圖

雖然不畫插圖也可以是張心智圖，但基本上，一張能帶來學習印象的心智圖，通常會有插圖。

b. 心智圖會塗上不同顏色

這也是讓觀者一目了然的重要元素。在每個枝節上搭

配不同顏色的心智圖，除了視覺上可以產生區隔外，運用得好更能幫助記憶。

c. 心智圖會以關鍵字呈現

真正的心智圖，一定都要用關鍵字（Key Word）來呈現。如果搭配「落落長」的說明文字，那就失去了心智圖原本的用意，變成只是把本來的文章，拆成放射狀分配而已，無助於學習。

💡 製作心智圖的六大要素

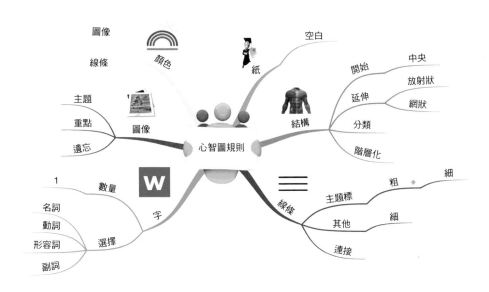

現在我們可以開始自己模擬一張心智圖，比如從製作一張自我介紹的心智圖開始。

■ 首先，你要有張紙

這張紙，最好是白色的紙。

現在已經有各種繪製心智圖的電腦軟體，可以在網路上搜尋下載，協助你簡單又直接的畫出心智圖。但在日常生活中，最簡便的方法，還是先用隨手可得的白紙。注意事項如下：

a. 紙必須要橫放

因為如同前面所見的範例，心智圖是以一個中心點為核心，然後枝節狀往「左右」發散。紙橫放方便畫寫，再者跟我們視野寬度有關。

b. 如果可以，選擇白色的紙最好

因為白色最中立。看到黑色你會有什麼感覺？看到紅色你會有什麼感覺？對每個人來說，不同顏色可能有不同的感覺，用有顏色的紙來畫心智圖會影響你的思緒，所以，建議選擇白色的紙來畫心智圖。

c. 理論上紙張可以擴充

特別是本書後面談到想像力的章節時，一張紙可能不夠，因為想像力會帶領我們思緒往「周邊」再拓展。另外，隨著一個主題更深入，也會需要很多張紙，例如第一張是整體主題，第二張是分項主題等等。

d. 這張紙必須完全空白

不要拿有線條的筆記本畫心智圖，有線條的筆記本是用來做傳統條列式筆記的，不適合用在畫心智圖。

▌ 第二、確認基本架構

心智圖可以幫助我們思考，這與其架構安排有關。架構安排有幾個重點：

a. 放射狀架構層層向外

以自我介紹為例，中心點一定是「你自己」，以此為核心，往外發散成不同的主題，如興趣、學歷、夢想等等。

b. 一開始就必須分類清楚

心智圖如果是用在有邏輯性的主題呈現時，一旦分類錯誤，就會影響你的邏輯思維。後面會加強這方面的練習。

c. 階層化概念

既然有分類，那麼接著就會有階層，這也是讓學習順暢的關鍵。階層化讓我們一看到心智圖，就能知道它的主題是什麼、副題是什麼；每個副題的中心議題是什麼，每個中心議題又有哪些重點。

▌ 第三、線條特色

心智圖是以中心主題為起點往外延伸的放射線，但這些線，不是隨便畫就好，它們有基本的規則：

a. 線條不能斷

心智圖就像個樹木枝幹般，由核心發散出眾多枝枒，這些枝枒當然不能斷，都要和核心連結在一起。

b. 由粗到細

也如同樹木一樣，愈靠近核心的就是主幹，線條也比

較粗，隨著逐漸分枝出去，線條則會越來越細。這也要在圖上凸顯出來。

其實萬事萬物都是這樣，包括我們身上的血管，也是從主動脈最後變成分散全身的微血管，但不論是粗是細，彼此都相互關聯。

▌第四、搭配顏色

心智圖為什麼要上顏色？心智圖搭配顏色，可以讓你清楚抓出不同分項的差異。舉個例子，如果有個外國人來台北，手上拿著一張影印的黑白捷運圖，那麼他要搭車一定比較困難。此時你若給他一張彩色的捷運圖，他將會感激不盡。

顏色的用處，就是在視覺上產生區隔與區分。哪些地方要上顏色呢？除了有畫插圖的地方要加上顏色之外，線條本身也要以一個枝節、一種顏色的規則來上色。如同前面那張介紹心智圖規則的「心智圖」，紙的線條是用綠色、結構的線條是用膚色。

記住，心智圖主要是讓「你自己」看的，所以使用的顏色要對你有意義，根據個人喜好來上色。例如對我來說，棕色代表溫暖、藍色代表開放等等，那麼在製作心智圖時，我就會依照分項的屬性，選擇搭配適當的顏色。

在前面的心智圖中，「結構」這個詞讓我想到身體，身體我讓想到膚色，所以，線條上色時我用的是膚色。線條這個詞讓我想到大樹，大樹讓我想到棕色，所以，線條

上色時我用的是棕色。針對線條上色時，對你來說有意義的顏色，更能幫助你記憶。

▋第五、以圖像輔助來強調

在心智圖上，並不是每個文字上面都要配一張圖片，那麼為何要加上圖像呢？不是為了讓心智圖變美，而是為了幫助記憶。

a. 容易忘記的地方一定要畫圖

如果一個心智圖中有某個環節，你不容易記牢，那就代表學習需要輔助，這時候，就一定要搭配插畫。

b. 重點中的重點也要畫圖強調

例如我們若想了解某條法律規定，該法律的適用領域、具體罰則等等，可能就是學習的重點，對於這樣的重點，就要畫圖來強調。

c. 核心主題也要畫圖加深印象

比如自我介紹心智圖，你可以把自己的照片放在中間，如同前面我的心智圖範例那樣。中心主題如果沒有圖像，那麼每一張心智圖中央都會長得很像，這時你就很難記憶多張心智圖，因為你連中心主題都想不起來。所以，中心主題一定要有圖像。

▋第六、抓出關鍵字

心智圖上的字句，都要簡潔有力。以自我介紹的心智圖為例，延伸出的項目就是興趣、學歷、夢想等等，一個延伸出的枝幹上只有一個關鍵字。

或者當我們看完一篇文章，想要記下這篇文章的意思，甚至想把這篇文章背下來，那我們也可透過心智圖做到。此時在圖上的關鍵字，我們先抓出名詞與動詞，然後搭配形容詞以及副詞。千萬別把整段話都放進去，那樣就失去應用心智圖提升思考的意義了。

　　心智圖是學習、思考的方法，學習一個新的方法，需要經過練習才能熟能生巧，所以，在這本書中，提供了許多的練習讓你真正掌握心智圖，未來可以運用在生活中或是工作上。

心智圖**分類**及**階層化練習**

對心智圖製作來說，懂得分類是很重要的，這也是訓練我們邏輯思維的方法。

如何分類？

首先，讓我們來練習如何分類：如果有飛機、車子、獅子、老鷹這四樣東西，我們可以怎樣分類？

用屬性分類：機器以及動物

用型態分類：飛行的跟路上跑的

用功能分類：有輪子的跟有翅膀的

不同的分類，到後來區分的階層就會不一樣。分類方式沒有對錯，但你必須要自己懂得當初分類的思維邏輯。

以上範例只有四個名詞，比較好區隔。但如果名詞變得更多，那就需要更多的訓練，才能讓我們用更快的速度做好分類。比如有篇內容比較專業嚴肅的文章，當你拿到這篇文章時，如何快速將內容的重點分類呢？如果平日可以多做分類練習，將會對製作心智圖很有幫助。

練習到一個階段後，你會發現當自己讀任何文件，不管是艱深的法條，還是複雜的科技文件，都可以比一般人更快速抓到重點。

如同前面說過的，以我自身為例，我不是天資聰穎型的學生，但我後來運用心智圖的方法，也幫助我拿下地政士及不動產經紀人證照。

可以多想想再回答，這同樣沒有標準答案。但每個人的心智圖，一定要有屬於自己的邏輯，才能有效記憶。

分類 練習題 1

這裡有十五種食物，請試試看該如何分類？

草莓、豬肉、紅茶、魚、牛肉、葡萄柚、牛奶、芹菜、鴨肉、櫻桃、豆漿、章魚、南瓜、雞肉、蝦子

💡 **超過記憶上限怎麼辦？**

將事物分類後，在什麼情況下，我們要延伸到下一個階層呢？

這和每個人的記憶力有關。假設我現在念出一串無意義的數字，依照每個人的記憶力不同，大家能夠記得的數字長度一定不一樣。基本上，如果沒有特別去學過記憶法，

❶
心智圖的世界

那麼正常人平均可以記誦的極限，就是五至九個數字。心理學家曾經做過研究，提出「神奇的數字 7±2」，也就是一般人對於數字、字母等的記憶廣度大約是五到九個單位。

如果你本身的記憶上限是五個，那麼當你分類的枝幹已經發散出六個枝節，那就代表，你需要往下再分一層，因為六個已經超出你記憶的限制。

以前面的食物分類練習題為例，你可能已經將它分為肉、水果、蔬菜、飲料四大類別，但是你會發現，肉類裡的內容特別多，有豬肉、魚、牛肉、鴨肉、章魚、雞肉、蝦子。如果太多，覺得不好記憶時，便可以再多分一層，把肉類分為陸上跟海裡，陸上的有豬肉、牛肉、鴨肉、雞肉；海裡的有魚、章魚、蝦子。多分一層分類的目的，是可以幫助你更容易記憶。

另外，例如主幹標題是動物，其下有老鷹、獅子、鸚鵡、灰熊、貓頭鷹、狐狸、狒狒等七個內容時，為了記憶方便，就可以再分為兩個枝節，一個是會飛的動物，一個是不會飛的動物。透過這樣再分類，可以有效幫助記憶。

💡 一種屬性、一個階層

如果你碰到外國人，想跟他介紹台灣，你會怎麼介紹？

這介紹的方式，就是分類，每個分類的第一層，就是所有階層的第一層。比如你想依照人、事、地、物分類來介紹台灣，那麼你的圖會是以台灣為核心主題，發散出人、

事、地、物不同的枝幹：

你也可以依照地理位置來區隔，將台灣分成北、中、南、東來介紹：

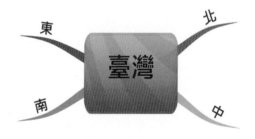

但如果有人畫出來的圖如下，那就有問題了：

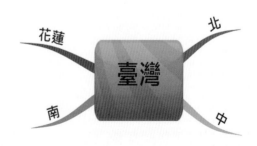

這張圖的問題在於階層搞錯了。花蓮應該是隸屬於東部的一個分支，而不是和「北」「中」「南」平行的同階層資訊。

階層就是這樣的概念，每張心智圖在分類時，同一個階層最好是同一種屬性或概念，這就是分類的階層化。

💡 四種實用分類法

如果還是覺得對於分類毫無頭緒，這裡也列出幾種很容易上手應用的分類法。

▋二分法

這是最簡單的分類法，當我們拿到一堆需要快速記憶的資料，可以最優先採用的方式就是二分法。

我們在日常生活中其實也很常使用二分法。例如想要整理雜亂的書桌時，會先將東西分成「可以丟掉的雜物」跟「需要進一步歸類的文件」；在管理日常行程時，會將事情分為「緊急」跟「非緊急」，這正是基礎的二分法應用。在畫心智圖時，每個枝幹最簡單的延伸法，也是一分為二。

我們可在日常生活中多做練習，也就是每當看到一件物品，就刻意去想想它是什麼屬性。例如看到車子，可以想想車子可以怎麼歸類：

是機器運作的（相對於非機器運作）

是金屬製品（相對於非金屬製品）

是高單價的（相對於低單價）

是交通工具（相對於非交通工具）

是國產車（相對於進口車）

　　經過這樣的訓練，有助於未來將資料進行分類，也對之後會提到的記憶法應用有幫助。

▋ 時間序法

　　依照時間將資料分類，是一種很方便、也比較沒有爭議的分類法。比如有幾位不同朝代人物要來分類，若依照重要性、知名度等等判斷，都很難有一致標準。就好像問項羽跟關羽，哪一個比較強？這並沒有標準答案。但如果依照時間來分類就不會有異議，因為時間是客觀的。

　　舉例，以下六位將軍，請你分類：項羽、關羽、戚繼光、霍去病、孫武、程咬金

　　依各種其他方式都不好分，但依照時間就可以分成戰國、漢朝、三國、唐朝、明朝等等，再來分類成「三國時代（含）以前」、「三國時代以後」兩大類。

　　在現代職場上，時間分類應用是最常見的，不論是經營管理或企畫會議，這種分類法都很實用。

　　例如要為一家餐廳規畫如何提升業績，在會議時就可以把要討論的事項依照時間分類，分成：上午備料時段、十一點將營業時段、中午用餐時段、下午茶時段、晚餐時段，以及消夜時段等等。

　　在分析如何服務客戶時，也可以分類成：客戶未進店前（也就是潛在客戶）、客戶登門時的接待、客戶參訪商品、

客戶詢價時、客戶議價時、客戶買單時及客戶離開時等，以客戶為核心的時間分類。

▌特質法

什麼是特質法，我們用生活與工作上的例子來說明。日常生活中要做的事情很多，用特質屬性的概念去分類的話，可以分為工作上要做的事，與家庭要做的事。若以準備國外出差的行李為例，把要帶的東西用特質來分類，可以分為工作上用的東西和生活用品兩大類。又或者舉一個最容易理解的例子：大賣場的商品分類就是用特質來分類。

經常訓練自己分析事物的能力，有助於生活中的即時反應。假設碰到突發狀況，好比火災，那時候當然來不及畫心智圖，但習慣腦力訓練的我們，就比較可以立刻對現象做判斷，比如逃生時分出可燃物與不可燃物、從火場搶救東西時分出重要攜帶物與不重要攜帶物等等。相較於很多人碰到突發狀況，會愣在那裡、不知所措，經過腦力訓練的我們，即便只是簡單的做分類，也可以幫助我們突破很多生活挑戰。

▌模型法

這裡所說的「模型」，是指各種理論模型。在商業實務上，有許多現成的模型可以應用，比如大部分人都聽過的 SWOT 分析，以及行銷 4P、5P 理論，或者管理 3C 理論等等。既然已經有這些現成的模型，我們畫心智圖做分類時，也可以直接應用就好。

例如分析公司目前主力商品的市場策略時，就不需再去空想什麼分類法，直接套用 SWOT，在心智圖上畫出四個枝幹，分別代表 S（優勢）、W（弱勢）、O（機會）、T（威脅），然後快速進入討論，在分別的象限裡再深入分析。

　　相信處在公司不同職位的人，都會接觸到不同的模型，例如品管單位會有各種品管理論模型，財會單位也會有各自的模型。將既有的現成模型拿來應用在分類上，就不需要浪費時間去創意發想，可以更快速有效率。

　　以上列出四個常用的分類法，實務上該如何分類，還是需要平日多自我訓練、熟能生巧。懂得在眾多項目中快速抓出脈絡、找到重點，這樣的人才也會是當今社會最受老闆青睞的人才。

Lesson　　**分類 練習題 1**

請針對你出國旅遊要帶的東西，做出分類：

分類 練習題2

請針對自己其中一項工作的 SOP 流程，試著做分類：

（提示：可以用時間）

分類 練習題3

公司的 A 產品與 B 產品有什麼不一樣？

（提示：可以針對產品分類出不同的屬性，再讓 AB 產品做比較。）

🔆 抓出好的關鍵字

對學習來說，什麼是重點，非常重要。

「重點」是記憶很重要的一環，一個不懂得抓重點的人，很難有效率的學習。有些人的書本一打開，整本書幾乎都被螢光筆塗滿，這樣畫滿有意義嗎？如果全書都是重點，也就等於依然找不到重點。就算畫到筆都沒水了，也無法幫助學習。

如何抓出好的關鍵字？建議先找出重要的名詞與動詞，然後搭配必要的形容詞，以及副詞。

▌抓關鍵字示範：善用符號代替

舉例：市面上很多標榜健腦益腦的食品，不但價格不低，而且無法證實是否真的有效，所以不宜亂食。

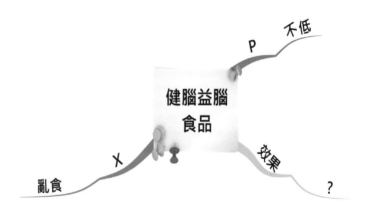

從這張心智圖可以看出，我寫的主題是「健腦益腦食品」，而不是「食品」。很多人會以「食品」為中心主題，

但這樣的話，中心主題會太廣泛，不夠精準。

第一個支節主標題 P 代表價格，因為價格的英文是
Price。效果的下一個階層打一個問號，問號代表無法證實
是否有效。第三個支節主標題 X 代表不宜。所以，從這張
心智圖我們也可以學習到，在畫心智圖時可以善用一些符
號，節省書寫文字的時間，也是一種提升效率的方式。

心智圖是個人筆記，自己看得懂就可以，別人不一定
需要理解。讀者們未來畫心智圖時，可以適時使用一些英
文縮寫或數學符號取代文字，節省寫字的時間。

▌抓關鍵字示範：創造有幫助的主標題

舉例：臺灣自 2013 年中華記憶運動協會成立以來，
其對於記憶運動推廣、建立腦力比賽風氣等方面，確實有
著重大且明顯的成效。

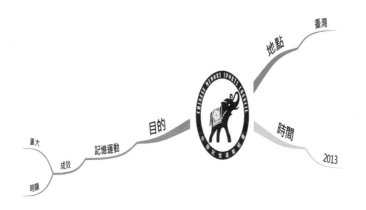

從這張心智圖，我們可以發現，這張圖三個枝節的主

標題：地點、時間、目的，這三個詞並沒有在原本的文字內容中出現。那麼，我在畫這張心智圖時，為什麼要多寫地點、時間、目的這層？因為我在為內容分類。我們在前面的分類學習時說過，分類可以幫助記憶，所以，有時我們在整理筆記時，主標題可能不會在原本文章內容中，要自己想出主標題。

接下來，我們就用三小段文字，請大家自己來做做看關鍵字練習：

Lesson 　抓關鍵字 練習題 1

你的大腦分為左腦跟右腦，各擅長不同的功能。左腦擅長文字、數字、邏輯、行列；右腦擅長圖像、色彩、想像力、韻律。就記憶而言，許多人在記東西是用死記硬背的方式，非常辛苦，如果可以善用大腦的智能做到左右腦併用，全腦學習就可以記得更快、記得更久。

史丹佛大學研究中心：你賺的錢，12.5% 來自知識、87.5% 來自關係。
建立關係的第一步就是要記住別人的姓名，對於商務人士來說，跟別人
換名片後，可以很快記住別人的姓名，對於商業交流會有很大的幫助。

市場行銷人員 E. Jerome McCarthy 在 1960 年提出了行銷組合 4P。
4P 是價格 price、產品 product、促銷 promotion 和地點 place。行銷
組合是一種市場行銷中所使用的工具，現在全世界的市場行銷者經常
使用這個模型。

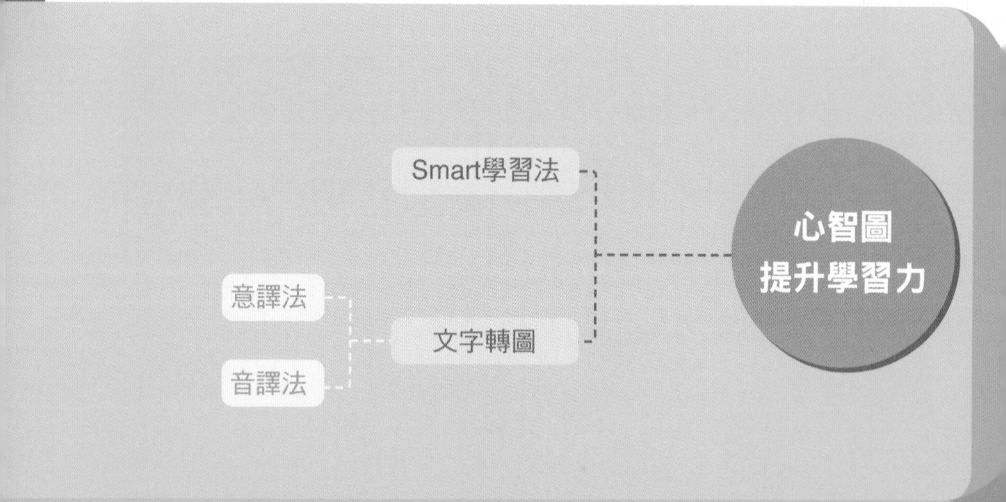

Smart學習法

意譯法

音譯法

文字轉圖

心智圖
提升學習力

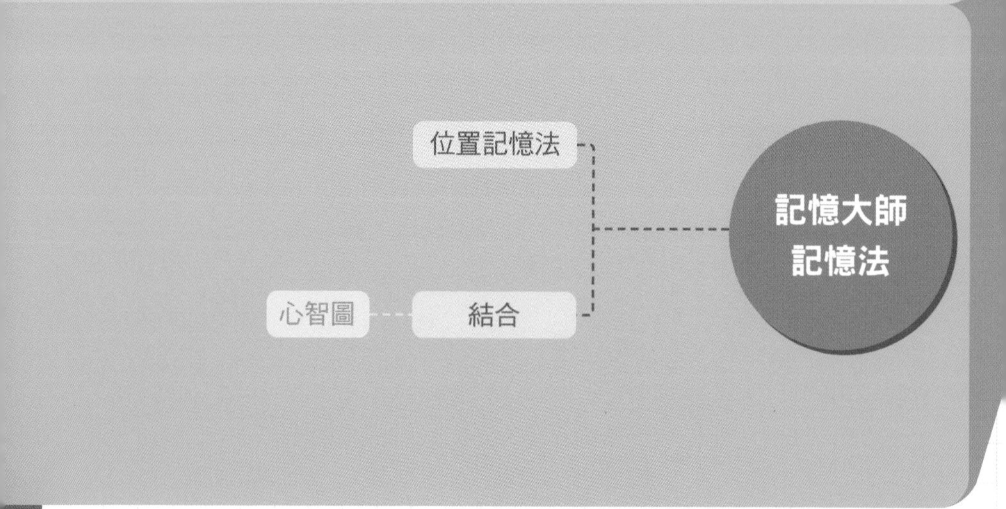

位置記憶法

心智圖

結合

記憶大師
記憶法

chapter
2

心智圖與
學習力

用心智圖**聰明學習**

　　提起學習，我們會想起什麼？可能你會先想起學生時代在校上課的樣子。回憶一下，在那樣的時候，你是怎樣學習的？小時候，你是怎麼熟悉九九乘法？怎麼會記誦「床前明月光」？怎麼知道直角三角形的公式？

　　當這樣回憶時，你可能會想起，當初九九乘法表是用背的，但直角三角形的公式則是透過運算學會。再仔細想想，過往在學校學習的東西，為何有的至今都不會忘，像是已融入生活一般？就像九九乘法表，每個人都清楚記得。可是要我們回憶漢朝或唐朝一些戰役以及將軍的名字，大部分人可能都想不起來了，但明明當年我們可是背得滾瓜爛熟的。學習力的背後，到底有什麼關聯機制呢？

💡 生活中處處需要學習力

　　前面提過，學習力不只是學生需要，對於現代人來說，其實每個人都很需要。為了因應全球化競爭以及數據化時代，要懂得如何學習，才能讓自己生活更有效率。

　　舉例來說，早上我們看報紙，在經濟版讀到了一些央行的新政策以及經濟學家們分析未來的幣值走向；中午在餐廳吃飯，無意見聽到其他桌有幾個老闆在聊產業未來的

可能發展；晚上回家經過書店，你翻閱了最新一期的財經雜誌，讀到最新的國內外政經局勢分析，也看到美日歐等國的最新情資。晚上在家，看見孩子在玩手機，你問他們在做什麼，孩子告訴你，這是現在最當紅的某某手遊。

這是一天之內我們會聽到、見到、接收到的訊息。如果一個訊息看過就忘，那它就是無意義的訊息，但如果這些訊息能被我們腦海接收，讓我們了解原來現在流行什麼、目前各國的經濟發展現況等，這就是一種學習。

這樣的學習如果沒有被整合再利用，那麼頂多成為一個死知識。的確，死知識也可能派上用場，好比在職場上，正在開商品會議時，你可以提出現在產業發展趨勢是什麼，因此產品規劃要注意什麼。

但如果我們擁有的不只是死知識，它們還能在腦中融會貫通，把每件事串在一起，發揮的效果就大不相同了。

例如歐美現在朝什麼方向發展、國內產業現在為何面臨轉型關鍵，加上央行公布的幣值資訊等等，所有的資訊在內心串聯出一張藍圖，讓你當下就能清楚判斷，進行中的專案企畫是否該調整、職涯規畫是否該改變。這樣子，你的學習力才是得到充分的發揮。

在吸收資訊的當下，我們可能沒時間拿起紙筆，隨手畫一張心智圖，但經常做心智圖的腦袋，卻可能在接收資訊的當下，就已經迅速反應，在腦海中「畫出」了一張心智圖。這是左右腦合併的訓練，是需要平常就先奠定的基礎。

💡 SMART 學習法

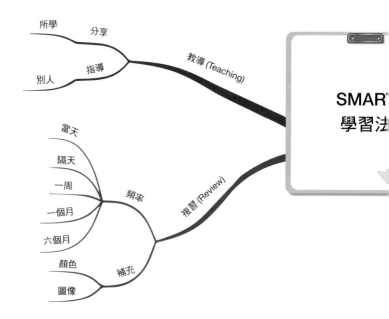

學習新知時，該如何有效學習與做好知識管理？依我多年教學經驗與自學的體悟，發明了 SMART 學習法：速讀（Speed Reading）、心智圖（Mind Mapping）、提問（Asking）、複習（Review）、教導（Teaching）等五個步驟。

▌速讀（Speed Reading）

拿到一份新資料時，最好很快從頭到尾先速讀一遍，速讀的目的是了解大意，所以在看的過程中，要特別注意標題、圖表與關鍵字。一般來說，像資料中提到的人、事、時、地、物、數字等，就是重點關鍵字。

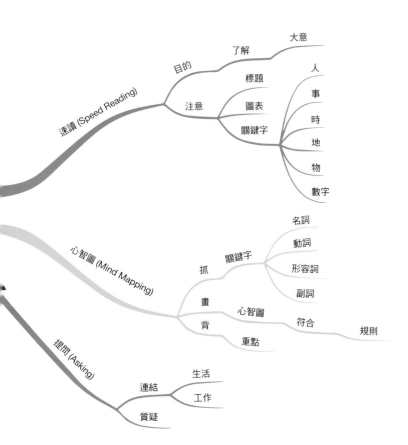

█ 心智圖（Mind Mapping）

　　速讀了解大意後，如果這個資料很重要，就建議做筆記，做筆記是提升記憶的好方法，而且後續要複習也比較方便。建議做筆記的方式，就是用心智圖。畫心智圖前必須找出重點，抓關鍵字建議以名詞、動詞為主，再加上必要的形容詞與副詞。關鍵字都找出來後，再依心智圖規則畫出心智圖。

█ 提問（Asking）

　　畫完心智圖後，可以自己背一次重點，並提出問題。

這個資料跟自己生活上、工作上，有什麼關聯性？我可以將這個資料應用在哪裡？內容是否正確？我覺得對哪個觀點有不同的想法？我可以創新什麼想法？

▌複習與教導（Review & Teaching）

如果這份資料確實對自己非常重要，建議後續有效率的複習。複習的頻率建議是當天、隔天、一周、一個月、六個月。在複習時，拿自己做的心智圖筆記來複習，並且補充顏色與圖像。如果這個心智圖內容能夠與人分享，或有機會用來教導別人，資料就更容易內化成為你的知識，甚至成為常識。

一般學習沒有方法的人，對於資料只能死記硬背。用 SMART 學習法，在學習過程中運用了更多感官與動作，做到讀、做、說、思考等，更容易記憶深刻，達到更好的學習效果。

心智圖的優點，就是刺激我們要懂得抓重點。

當我們看到一篇文章時，先是要決定心智圖的中心主題，關於這點就要做好判斷。如果它是一篇有關公共設施設置的法律文件，但主題卻不是設定為「公共設施」，那整個心智圖的主題就會偏掉。也有些人畫心智圖時，是把一篇文章按照順序切下來，一段一段貼在心智圖上，乍看好像是一幅心智圖，實際上卻是個「偽心智圖」。

定好中心主題，接著就要抓關鍵字，當我們第一次研讀時，就要用心去抓意義。心智圖是幫助學習的工具，但

心智圖本身不是學習主題。

　　我們需要的關鍵字，就是從文章裡抓出來的重點名詞與動詞，之後依照階層概念層層套入，再加上必要的形容詞與副詞。由於心智圖是個人筆記，在製作時，只要自己看得懂就好。例如以前我認識的一位口譯老師，他因為工作需要，必須在筆記本上速記很多符號，別人雖然看不懂，但只要他自己可以看懂就好。

💡 讓我們從頭到尾自己完成一張心智圖

前面講了這些基本概念，但學習的重點還是在真正實做。準備好紙筆，今天我們的目標是學習一篇新知，這裡有一篇文稿如下：

都市計畫法
第四章 公共設施用地

第 42 條

都市計畫地區範圍內，應視實際情況，分別設置左列公共設施用地：一、道路、公園、綠地、廣場、兒童遊樂場、民用航空站、停車場所、河道及港埠用地。二、學校、社教機關、體育場所、市場、醫療衛生機構及機關用地。三、上下水道、郵政、電信、變電所及其他公用事業用地。四、本章規定之其他公共設施用地。前項各款公共設施用地應儘先利用適當之公有土地。

第 43 條

公共設施用地，應就人口、土地使用、交通等現狀及未來發展趨勢，決定其項目、位置與面積，以增進市民活動之便利，及確保良好之都市生活環境。

第 44 條

道路系統、停車場所及加油站，應按土地使用分區及交通情形與預期之發展配置之。鐵路、公路通過實施都市計畫之區域者，應避免穿越市區中心。

第 45 條

公園、體育場所、綠地、廣場及兒童遊樂場，應依計畫人口密度及自然環境，作有系統之布置，除具有特殊情形外，其占用土地總面積不得少於全部計畫面積百分之十。

第 46 條

中小學校、社教場所、市場、郵政、電信、變電所、衛生、警所、消防、防空等公共設施，應按閭鄰單位或居民分布情形適當配置之。

第 47 條

屠宰場、垃圾處理場、殯儀館、火葬場、公墓、污水處理廠、煤氣廠等應在不妨礙都市發展及鄰近居民之安全、安寧與衛生之原則下，於邊緣適當地點設置之。

第一個步驟，先把文章從頭到尾看一遍。心智圖是重要的輔助工具，但前提是必須要先對文本有清楚思考，從思考過程中，也訓練自己的分析能力：看到這篇文章，你可以怎樣把它做成心智圖？

第二個步驟，開始來畫重點。把以上這篇文章，你認為重要的地方特別標示出來。可以用螢光筆標示關鍵字，加強印象，至少要用兩種螢光筆，第一種顏色抓重點，第二種顏色抓主標。

第三個步驟，開始畫心智圖。基本上我們都是以順時鐘方向，由右邊開始，按著右上、右下、左下、左上的順序，畫出不同的枝節，每個枝節要一種顏色。

只要你一開頭就用心看文章，那麼畫心智圖的同時，你也正在複習、組建你的回憶思維。

下一頁是我畫的範例，在這裡我也再次強調，心智圖沒有標準答案，一切以方便你學習及記憶為主。

第四個步驟，回憶這張圖的內容。現在你可以把圖蓋起來，或閉起眼睛，回憶你可以記得這張圖的哪些部分？如果有些地方怎樣想都想不起來，那就代表需要加強記憶。這時候可以用插畫來補強。

💡 用插畫加強記憶

在心智圖上畫插畫時，該怎麼把文字轉成圖像呢？比較具體的詞很容易畫，例如蘋果、椅子，直接畫出它們的樣子就可以了。但是有許多詞彙可能比較複雜，或者是抽象的形容詞，這時該怎麼辦呢？那麼就可以從讀音或意義兩個方向，來想出相關的圖像。

▌意譯法

例如「工作」，由意義上我會聯想到公事包，這就是意譯「工作＝公事包」，所以我們就可以在心智圖其中一

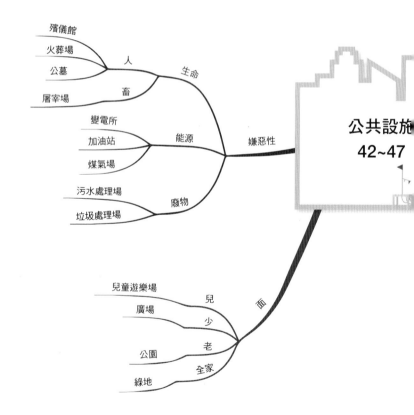

個線條上的「工作」這個詞上面，加上公事包的圖像。

　　例如「誠實」這個詞，又該怎樣用圖像表示？有人可能會畫一棵櫻桃樹，因為「誠實」讓他聯想到華盛頓砍櫻桃樹的故事。

▌音譯法

　　許多時候，特別是要將抽象的詞彙轉換成圖像，可以靠音譯法來聯想。其中又可以分成同音法、諧音法，及韻母轉換法。

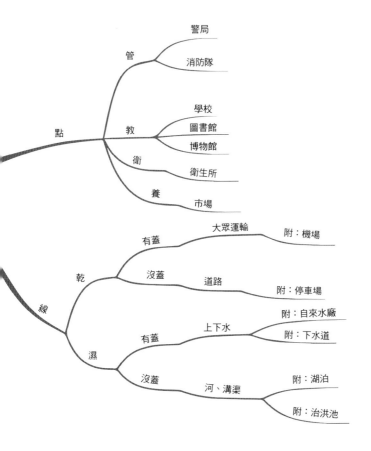

例如「陳」這個姓，可以想成「陳皮」，這是用同音法延伸聯想；「趙」這個姓，可以想成「照相機」，也是取其同音。

「邱」這個姓，可以用諧音法來聯想成「球」；「禮貌」可以想成「狸貓」，這也是諧音法。

聲母韻母轉換的方法，也可以應用在方才提到的「誠實」，它可以聯想成「沉在水裡的石頭」。雖然一個是「ㄥ」一個是「ㄣ」，但韻母轉換音還是很接近，可以幫助記憶。

整個心智圖完成將有助於你學習及記憶，但如果光這樣還不夠，那就輔以其他方式。理論上，八成資料都可以透過心智圖加強印象，但如果還有很難記住的，就要透過記憶法，這後面在學習法中也會分享。

Lesson SMART 練習題 1

從報紙中找出一篇新聞報導，按照 SMART 學習法將報導內容畫成心智圖。

SMART 練習題 2

將公司某一項產品的產品介紹說明文字內容,按照 SMART 學習法畫成心智圖。

❷

心智圖與學習力

SMART 練習題 3

將你喜歡的一個旅遊景點介紹,按照 SMART 學習法畫成心智圖。

💡 記憶力有助學習力

今天早上，你正在辦公桌前努力撰寫下周的簡報專案，突然董事長一通內線電話，要你立刻過去他辦公室。接完電話，你飛快跑去報到，但匆忙間，你沒帶紙筆。

董事長一邊對你交辦事情，一邊穿上西裝外套，看來正要出遠門。他向你交代了三件事，並且每件事都還包含著一些細節。第一、要聯絡媒體安排記者會，特別是某某報的記者一定要到；第二、要請下游廠商準備一系列樣品，特別要準備黑白系列的，並且要附上說明書；第三、公司網站要改版，主題聚焦在電子產品，而且有幾款機型要重新拍攝照片。

董事長一邊說，一邊也有點狐疑的看著你，沒帶紙筆，你真的有記住嗎？於是他要你當場覆誦一遍。你口齒清晰的把剛剛董事長交代的事都重複了一次，董事長滿意的點點頭，心想這個年輕人頭腦真好，能夠那麼快記住我交辦的事情，以後可以重用。

可見，記憶力不但對學習力有幫助，更會影響工作能力與工作效率。

對記憶學專家來說，他們有能力記憶很複雜的主題。比如一串很長且不規則的數字、一段很專業的耗材代碼列表，或是十幾個初見面的新人名字，他們都能用專業的記憶法快速記憶，並且就算隔了好幾天再問他，他還是說得

出來。因為他們的腦海中內建了一套方便思考的邏輯，可以用最快速的方法抓取想要的資料。

記憶法雖然不是本書的主題，但以方便學習的角度，這裡還是分享幾個重要、有助於學習的記憶觀念和應用方法。

「記憶」這兩個字雖然連在一起，但是「記」和「憶」其實代表了兩個不同的動作。我們要先「記」才能「憶」，若一開頭就沒記起來，那之後也不可能有回憶。一般人學習的主要困擾，其實不是「記」，而是「憶」。比如明明把課本念過好幾遍，但考試時就是「想不起來」答案，這就是「記」了卻無法「憶」。

如果我們每天記了很多事情，但卻「憶」不起來，那就等於是白記。很不幸，許多的人就是將生命浪費在種種的「白記」上。

記憶法可以讓一個人快速將答案「憶」出來，但要能做到如此，先決要件是「記」的方式需要技巧。有個最佳的範例就是中藥行，當我們去中藥行，是不是可以看到櫃台後面有好幾十個甚至上百個抽屜，每個抽屜上面都貼著標籤，註明著海金砂、紅娘子等藥材的名稱。當中醫師要抓藥時，通常不用再去找索引，他會熟門熟路，知曉哪個抽屜裡放什麼藥材。如果有個學徒比較白目，自作主張把抽屜重新排序，那將會引起整個店務大亂。

記憶法的基本觀念也類似如此，如果要「憶」得快，像中醫師抓藥一下子就找到藥材那樣，前提就是要做分類。世界上有許多記憶大師，也有許多不同的記憶派別，但歸根究柢，基本原理就是像中藥行的「藥材放藥原理」。

　　簡單說，當我們可以改變「記東西」的方法，就可以改變「回憶」的速度，以實用來說，心智圖本身就是一種有助於記憶的工具，而透過心智圖帶來的超強記憶能力，則是日常生活中快速吸收資訊的利器之一。

　　下一節，我們針對記憶力來特別說明。

跟記憶大師**學記憶**

　　有的人認為，記憶力好不好是天生的。的確，每個人的腦力發展方向不同，有人組織力很強、有人想像力很發達，當然也有人天生記憶力就比別人好。

　　然而除非是天賦異稟、過目不忘，大部份所謂記憶力好的人，其實也只不過是比一般平均數值高一些而已。而記憶力比較普通的人，只要搭配專業的記憶法，就可以很快超越那些原本記憶力比較好的人。

　　這就好比在公路上，大家都騎腳踏車，記憶力好的人就像騎著功能比較好、有十五段變速箱的單車，記憶普通的人就只是騎一般的鐵馬。但這時候，如果有人改騎機車，那麼，無論是腳踏車功能多好，最後都會遠遠落在機車後面。

　　任何時刻，當我們接收到一個資訊，首先要「記住」，接著才能做其他的動作。所以當我們在使用心智圖學習時，經常也要搭配記憶法，讓兩者相輔相成。

　　例如我們在學習一個文本，其中 80% 的部分，我們透過認真研習以及建立心智圖，有了好的理解。但是，任何學問一定都會包含需要記憶的部分，甚至有些內容就是很

難記起來，必須透過特殊的方法，這時候，記憶法就非常重要。

通常，記憶法會透過聯想以及編故事的方式，讓我們可以更快記住一個名詞。比如以前在背誦化學元素表時，老師往往也會教我們，可以透過諧音的方式來依照順序記住那些拗口的專有名詞。比如週期表上 1A 族的幾個元素：氫鋰鈉鉀銣銫鍅，可以記成口訣「親妳那假如設法（想要親妳，假如不行我就設法做到）」。但如果只靠這樣記住，而不去真的了解氫的作用、鋰的化學性等等，那麼學習也就失去意義了。

我們不能凡事都用記憶法只求記住，那樣是將學習的目的本末倒置。但記憶法是心智圖的重要輔助，因此這裡要來特別介紹記憶法。

💡 位置記憶法

我從 2014 年開始擔任世界腦力錦標賽裁判，長期與世界頂尖的記憶大師交流，發現其實他們用的方法我在十六年前就已學會，也早已在教學上使用這些記憶法。

年方 27 歲、已連續拿下三屆世界賽記憶冠軍的美國記憶大師艾歷克斯・穆倫（Alex Mullen），他可以在一個小時內記住 1626 張撲克牌，也就是從第一張開始，按照出現順序、花色、點數，一張不差的完整背出來。

可以想見，這絕不可能是用死記的方式做到。事實上，

他不但可以記住每張牌的順序，還可以從任何順序插入，清楚搜尋到腦海中的資料，比如說出第 100 張牌是什麼，它的下一張牌又是什麼，這絕非死背可以做得到的。

現在就讓我們來學習世界記憶大師所用的記憶方法吧！其實，這些大師們記憶方法的主要原理，就是我前面提過的「中藥行藥材放藥原理」，簡單說，就是「位置法」。

不同的記憶派別，對於位置法各有不相同的應用，但原理的核心，就是要先找出「熟悉」的東西，再來和不熟悉的東西建立關聯性。學會了位置法的基本原理後，如何真正落實、讓記憶速度更快，還是要靠勤練，以及每個人所設定適合自己的聯想方式。

好比說，要你背漢朝的幾位大將軍名字，這些名字對你而言不熟悉，只能硬背。但若是問你家沙發擺哪裡？電視擺哪裡？你就可以馬上說出來，因為那是你熟悉的。位置法就是將這些不熟悉的東西（某位漢朝大將軍），和熟悉的東西（你家的沙發）位置聯想在一起。你可以想像，有個全身都是青色的將軍坐在你家沙發，那個將軍就是衛青。如果今天考歷史，你又忘記將軍的名字，但你腦海立刻聯想起家裡的沙發，沙發上坐著什麼人呢？啊！你想到了，一個全身青色的人，這樣你就能立刻想起答案是衛青。這就是位置法的應用。

在生活中的具體應用上，你可以想想，什麼東西是在

你生活經驗中最熟悉的呢？對研習記憶學的人來說，他通常會預設上百組的記憶位置，並且會每天練習，讓自己擁有更多的位置。而前面說到的記憶冠軍穆倫，他本身已經擁有非常熟練的數千個位置，唯有如此，他才能記住上千張的撲克牌。

這些記憶位置，也可以稱作記憶倉庫，就好像一個商人的倉庫愈多，他可以儲存的資產也就愈多；我們每個人的記憶倉庫愈多，就代表我們記憶能力愈強，同時也代表我們學習力更強。

這些記憶倉庫必須是固定的，就如同中藥行那些整齊排序放置藥品的抽屜一樣。那麼如何設計記憶倉庫呢？每個人的記憶方式不同，老師也都鼓勵學生建立自己獨一無二的記憶體系。

做為基礎的學習，這裡要提出一套人人都有，並且位置絕對不會變的記憶倉庫，那就是我們的身體。以位置來說，我們的腿在哪、手在哪，都絕對是固定的，最適合做為記憶倉庫。

以下就來做個記憶位置練習：

第一步：先找出十個記憶位置

我們從自己身體開始，每個人建立十個序號，分別代表 1～10。從腳底開始到頭頂，剛好下半身五個、上半身五個。這很好記，如下：

⑩ 頭頂

⑧ 鼻子

⑨ 眼睛

⑦ 脖子

⑥ 肩膀

⑤ 腰

④ 屁股

③ 大腿

② 膝蓋

① 腳底

　　當我們熟記這十個位置的同時，其實也等於熟記十種順序，例如當我們記某個東西放在大腿上，那麼就代表那東西是「第三個」。

　　這十個位置應該很好記，但初始階段還不那麼熟悉，此時就要花點時間（但也不需要到超過十分鐘）來記住。要能熟練到，隨便想到一個數字就能聯想一個位置，例如說到 7 就要想到脖子、說到 3 想到大腿。要快到變成直覺反應，愈是熟悉，位置法就愈能派上用場。

第二步：具體應用練習

　　當我們熟記這十個位置後，就可以方便用來記東西。就以前面提過的情境來舉例：董事長臨時交辦任務給你，

但你忘了帶筆記本，這時候，你就可以利用位置法快速記憶。例如第一件是有關記者會的事，並且特別強調要邀請某某報記者，那麼你就可以想像著你腳底踩著一個記者，這個記者穿著某某報的制服。當這樣具體想像，你就很容易記憶，後面也依此類推。

做為練習，以下我提出十個聯想，請讀者記下來：

□ 1 腳底：想像自己腳底踩著愛心氣球

□ 2 膝蓋：想像自己膝蓋長出蕨類

□ 3 大腿：想像自己抱著企鵝，企鵝站在我的大腿上

□ 4 屁股：想像自己屁股坐在書上

□ 5 腰：想像自己忘了帶皮帶，臨時用熱狗充當皮帶

□ 6 肩膀：把尺插在肩膀上，並且想像很痛的感覺

□ 7 脖子：想像脖子長出一顆痣，是綠色的

□ 8 鼻孔：想像走路撞到鼻子，於是鼻子腫成豬鼻子

□ 9 眼睛：想像自己用眼睛在看信

□ 10 頭頂：想像自己頭上放一粒米

這十件事，若我要讀者硬背，相信一定要花很多時間，並且記了又立刻忘記。但透過想像的方式，大家卻可以很短時間記起來，因為一閉上眼睛，就可以看到自己腳踩著愛心氣球，腰帶綁著熱狗，坐在書上的模樣。

第三步：快速說出答案

請問讀者們，一個人若要成功，要具備十大要素，這十大要素是什麼？若要硬背，不但會花點時間，並且我敢說，就算現在背起來了，真正考試時還是會丟三落四答不出來，特別是若再規定要依照順序回答，那就更多人答不出來了。但透過位置法，各位應該永遠都不會忘記。

為何不會忘記？現在讓我們把剛剛那十個意象想出來吧！其實它們就代表十大成功要素：

1. 腳底踩著愛心氣球：愛心

2. 膝蓋長出蕨類：決（蕨）心

3. 大腿抱著企鵝：「企」圖心

4. 屁股坐在書上：學習

5. 腰上綁著熱狗：「熱」情

6. 肩膀插著尺：堅持（尺）

7. 脖子長出痣，是綠色的：自律（痣綠諧音）

8. 鼻子變成豬鼻子：主（豬）動

9. 眼睛看著信：自「信」

10. 頭頂上一粒米：毅力（一粒諧音）

讀者試試看，你將會發現，你可以用很短的時間，記住十個本來要背很久的名詞。接著你可以試著做其他考題，

例如試著背十個人名，然後結合到十大位置（比如想像某個人被你踩在腳下、某個人攔腰抱住你、某個人被你一屁股坐著……等等），你會發現，記憶原來可以變得這麼容易。

再之後，隨著功力加強，你可以將位置從自己身體延伸到更大的範圍，例如我自己本身，雖不若記憶冠軍那麼厲害，腦海裡有數千個位置，但我至少也已經有超過五百個熟悉的位置，可以隨時讓我做應用。

💡 心智圖結合記憶法

在學習時，按照前述畫心智圖的步驟，把資料重點整理成心智圖。但是經過多次複習，有些重點內容還是會忘記，該怎麼辦？這時就要搭配記憶法來幫助記憶。

前面這張心智圖，主題是「成功十種積極心態」，這可能是你的演講大綱，你要跟別人分享這十種成功的心態，卻老是會忘記某幾個枝節，這時就可以善用方才所練習的位置法，特別把主標記憶起來。當主標記熟之後，因為是用你自己的邏輯所整理出來的心智圖，就更容易從主標聯想記起後面的重點內容。

　　再繼續往下說明之前，這裡先要強調，心智圖和我們腦力訓練有關，但心智圖絕非只是幫助我們「動腦」而已，相反的，心智圖以及結合心智圖的種種應用，最終重點都是在「具體落實」。

　　記憶學不只是學習的工具，其實在生活每個層面都可以應用得上。而在加強自己的種種學習力，以及和工作、生活相關的種種實力，包括創造力、解決問題能力、思考力等方面，心智圖已被證明是非常「實用」的工具。

　　下一章就讓我們來介紹心智圖與思考力的應用。

■ 用心智圖教學，提升學生學習興趣與成就感

李思佩

　　我是一名任教超過十二年的國文老師，不但是升大學的補習班老師，也是各年齡層所需的作文教師。在教學的領域中，令老師頭疼的往往是學生對於課堂知識不感興趣，或是對浩瀚的國文內容感到「茫然」、「不知所措」，最後只能放棄，抱持著上考場就賭賭運氣的心態，這總是讓我們教師感到深深惋惜。考生被填鴨式的教育壓得喘不過氣，更失去了靈活思考、邏輯驗證、主觀想法明辨等等的能力，這才是教育端的為師者感到可怕和扼腕的事！！

　　難道不能用最有效率又好玩的方式傳授知識給孩子們嗎？

　　難道不能讓孩子有自主學習的能力嗎？

　　難道孩子只能單向接收「老師」的想法和觀念嗎？

　　能不能有個方式面面俱到，又能讓孩子重拾最寶貴的「求知熱情」？

　　這樣的心情一直困擾著我，直到我遇見了王聖凱老師的「心智圖」，才讓我再發現了教學上的新熱情。在我接觸心智圖後的幾年中，我努力將心智圖法的精神和架構組織運用在課堂上。

　　俗話說：「工欲善其事，必先利其器」，要讓孩子擁有學習的自主權，就必須給予孩子正確方式和增加效率的

工具。而在實踐的過程中，我們收穫了更多原先沒有預期到的感動，直到看見孩子的改變後，我也更加確信，心智圖的運用是一門不可或缺又無窮止境的技巧，能成為「一輩子帶著走」的知識。

心智圖，顧名思義就是大腦中左右腦的實體運作，像一個心臟及其周邊的血管圖，是全腦式的開發學習，它能夠將各種點子、想法以及它們之間的關聯性以圖像視覺的景象呈現。根據科學研究發現，大腦傳遞訊息的方式是採放射狀的，而心智圖便是以放射狀思考法來模擬大腦，不只能化繁為簡，省去冗文贅詞後快速尋找出長文裡的核心重點，更能延伸許多創意和發想，有效提升專注力與記憶力，讓資訊更快吸引大腦的注意，進而增加深度與速度。

做心智圖時，要謹記心智圖系統性思考的原則，注意思考的脈絡，才不會發生邏輯分類混淆的情況，若是沒有掌握關鍵字的原則，這樣做會增加大腦吸收資訊的負擔，便無法提升專注力與記憶力，也會阻塞了創意的活水，這就是普遍人們對學習感到困頓迷惘的時候了。

所幸遇見了王聖凱老師，打開了我了解心智圖的大門，讓我學習如何開發左右腦潛能、加速學習、增強記憶力、激發創造力、集中專注力、提高學習興趣、複習功課、改善學業成績等，不管是提升自己或是在教學上，都更加事半功倍。只要擁有一張紙、幾支色筆，便能記載下無窮的知識和企畫，讓學習不再窒礙難行、無所適從，快來一同

體會其中奧妙吧。

把心智圖運用在教學現場

這堂課我們帶學生認識色彩學，在色彩的領域中，每個顏色都被賦予了神聖的使命和意義。色彩運用十分廣泛，舉凡：紅綠燈、捷運路線圖、制服、標誌、獎牌、國旗、地圖等都是顏色組合成的，原來追根究柢，顏色讓它們賦予了深刻的「精神」呢！我們如何分析顏色並且整理出筆記呢？

首先，讓孩子運用圖像判讀，先認識什麼叫做「顏色」。視覺的感受讓顏色色階更鮮明，進行討論後發表對色彩的認知，提出顏色對生活的運用，並延伸發現顏色對心靈的觸發，進而挖掘顏色對自己的重要性等等。

這樣的方式明顯提升了學生在學習上的熱誠，也引起了學生自主探索的動機，推翻了過去上課的枯燥乏味，讓大腦不再處於「半休眠」的狀態，藉由心智圖的輔助，課堂學習狀態呈現穩定且正向的心流，更能在繪製心智圖的當下，訓練學生的專注力與穩定度，不僅是激發學習興趣，更可貴的是學生們在學習過程中所得到的成就感。

當圖像思考碰上口述表達，學生在課堂上更能明確找出主題脈絡和重要的關鍵字，隨後便進行心智圖的彙整和更深層的發想，我們貫徹了「大量輸入、精簡輸出」的原則，讓學習擁有更高效率，當心智圖深植於心，便無比強大！

來看看每個人用心的筆記就知道他們找到了所謂的「顏色魔法」，並且完成了寫作訓練唷～

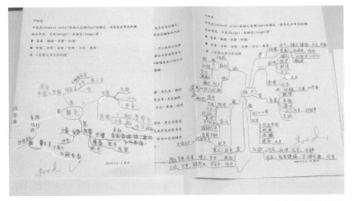

紅色

紅色是火與血的顏色，因此紅色與能量、戰爭、危險、力量、權利、決心、熱情、慾望、和愛產生關聯。在徽章上，紅色代表勇氣。

紅色能提高人的新陳代謝與呼吸速率，並讓人血壓升高。紅色非常醒目，因此使用在禁止號誌與消防設備上。紅色與能量相關，經常使用在鼓動、激勵的活動上。

淺紅色：喜悅、性感、熱情、感性、愛。

粉紅色：浪漫、愛、友誼、女性特質、被動。

暗紅色：活力、意志力、憤怒、領導、勇氣、怨恨。

棕色(紅+橘+黑)：穩重、男性特質。

紅棕色：收成、秋天。

學生的課堂紀錄

心智圖帶來的心得與收穫

心智圖的中心通常是一個單字或者是一個主題，而環繞在中心外的是相關的思想、言論和概念。這樣的技巧，不單是考生受用，對於企畫、行銷、管理層、學習筆記、腦力激盪、教育、文件規畫和工程圖表等場合中皆能廣為應用。

我本身除了授課外，還接觸了各領域的研習，我將心智圖法運用在自己的日常生活中，每每都被大腦快速學習所震驚。長達六小時的研習課程中，我能精準掌握核心概念，同時更能有效發想與連結，並且提出自己的看法和疑問，無疑在學習上有顯著的成效。

不僅如此，連生活中大小事的規畫，舉凡旅行、職業、理財，甚至是人生夢想都能運用其上，讓生命中的每一刻

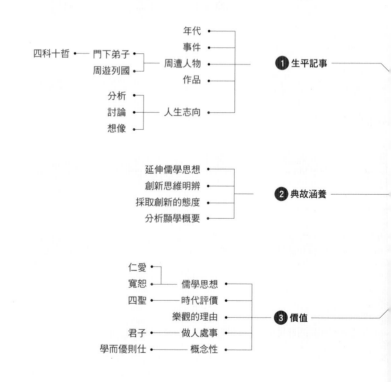

都能掌握在自己手中，既不浪費時間，也能從容優雅的完成每個階段的自己。常言道：「每一個人都擁有生命，卻不是每個人都能讀懂生命；每一個人都擁有頭腦，卻不是每個人都能善用頭腦。」當我們用對方式，其實成功的秘訣是努力，所有的第一名都是練出來的，人的潛能是一座無法估量的豐富礦藏，只等著我們去挖掘，而心智圖正是開啟這扇知識大門的鑰匙。

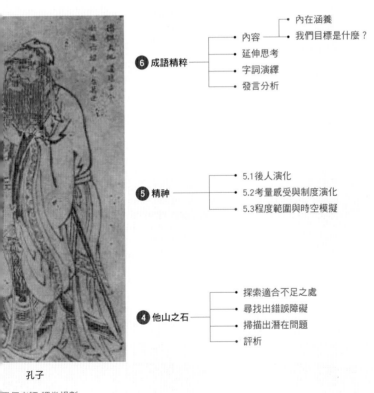

孔子

思佩老師 課堂規劃

我的備課筆記

▌透過心智圖，讓研究所學習更得心應手

胡羽柔

　　我是心智圖教育學院「心智圖國際認證管理師」合格管理師，更是一個需要兼顧職場工作和課業的研究生。

　　一次偶然在書局看見介紹心智圖的書籍，隨意的翻了幾頁，當時對心智圖的認知只是「畫得很像樹狀圖的彩色筆記？！」，直到參加了聖凱老師的心智圖課程之後，才真正認識心智圖。

　　開始學習心智圖後，才發覺自己過去的學習模式散漫無章、邏輯推演不夠精確。透過無數次的練習，從水平思考、垂直思考、抓關鍵字、分類歸納到可以全盤掌握當下所學習的內容，是一件很快樂的事，於是我再度參與「心智圖國際認證管理師」課程，除了學習畫好心智圖外，更可以把心智圖的優點教給他人。

　　工作上，我需要大量發想創意執行企畫；學業上，我需要快速理解整理歸納所學，無論工作效率和學業精進都仰賴心智圖的幫忙。

　　運用心智圖的思考方式可以打破過去的填鴨框架，抓關鍵字的能力幫助我過濾不重要、不正確的資訊，並快速有效率的建立知識，分類歸納幫助我釐清邏輯了解全貌，學會了心智圖，我的生活變得效率、人生也變得有趣。

身為管理學院的研究生，我喜歡策略思考，喜歡研究各種管理方式。「平衡計分卡（BSC）」是一個在組織管理中相當實用的企業營運策略管理工具，然而實際應用上，很多組織經常誤用，藉由這個機會，我嘗試將「平衡計分卡」轉化為心智圖，期待我的整理歸納與分享能讓您也愛上心智圖。

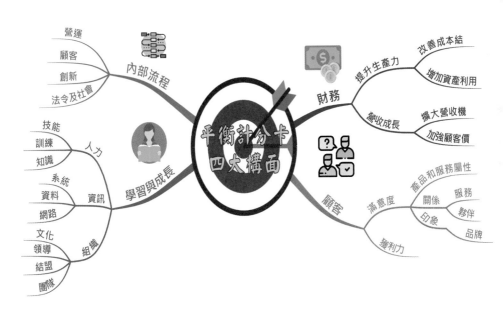

SHARE ▶ 心智圖應用分享

■ 心智圖做筆記，讓考證照事半功倍

詹金郁

　　手上拿著「甲種職業安全衛生業務主管」證照，這不只是個人的自我實現，也是我未來生涯路上，一技在手的保障。看著這張證照，心中有股強烈的感受，我衷心感謝心智圖的學習，讓我順利考取證照。

　　2017 年，我很幸運的接觸並開始學習心智圖法，從此開啟我「效率學習」的能力。每每在進修學習後，透過心

❷

心智圖與學習力

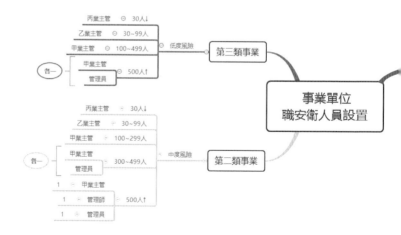

智圖法整理上課重點，不僅可以在極短的時間內，有效率的將許多零散觀念系統性建立成知識樹，更透過心智圖筆記的分享，讓自己意外成為好友同儕中的亮點，帶動一股心智圖學習風。

這次的「甲種職業安全衛生業務主管」證照考試，不例外當然還是透過心智圖法來準備應考，讓我在繁忙的工作之餘猶能輕鬆學習，大大提升學習效率，達到事半功倍的讀書效果，最終獲得證照而歸。非常感謝心智圖法讓我在準備考試的過程中透過分析與歸納的技巧，讓我得以高效應試，謹以此心得分享給更多有緣人！

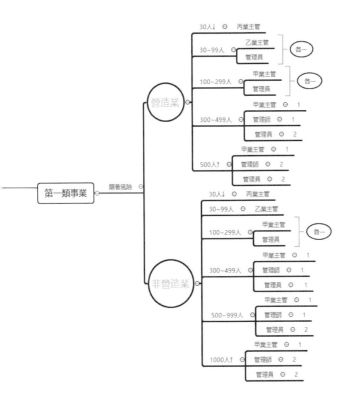

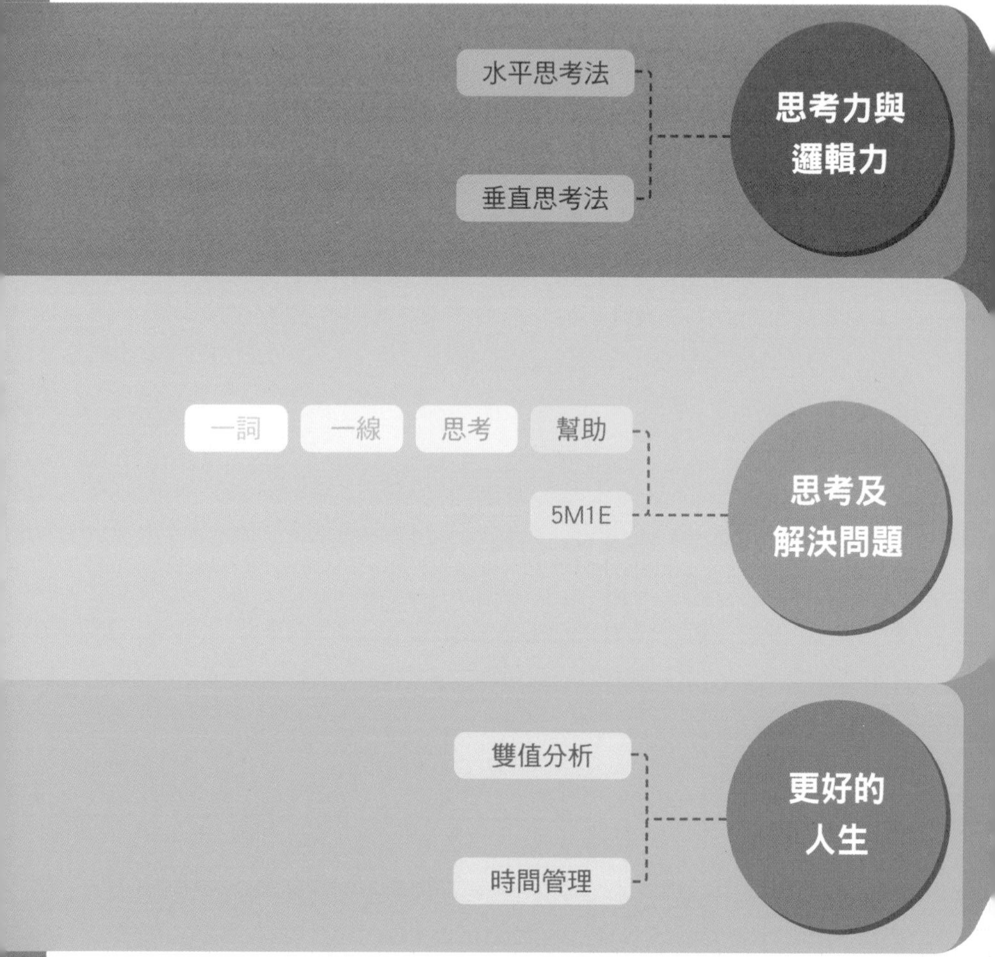

水平思考法

垂直思考法

思考力與
邏輯力

一詞 一線 思考 幫助

5M1E

思考及
解決問題

雙值分析

時間管理

更好的
人生

chapter
3

心智圖與
思考力

思考力與邏輯力

人類文明為何能夠興旺？我們為何能夠創造如此多采多姿的世界？

如果沒有思考力，那麼人類將只會日復一日過同樣的生活，只會等到遇到危機才去解決面前的問題。比如遇到猛獸就只會選擇硬拚或逃跑，不會有計畫、設計、製造、組織等行動，也不懂得對任何狀況舉一反三，更不會去思考什麼是未來？生活要怎樣才能更好？

是思考改變我們的生活，也是思考提升我們的境界。然而，並不是坐著空想就叫做思考，也不是像猜燈謎那樣想解答就叫做思考。

💡 水平思考與垂直思考

愛因斯坦說過：「想像力比知識更重要，因為知識有限，想像力則是無限。」但如果沒有透過適當的訓練，大多數人的想像力可能只會停留在偶爾做做白日夢的程度，或者是在商品會議或活動企畫的場合，靠著彼此腦力激盪，才能在有限的主題下做發想。

在此，我們先介紹，兩種基礎的思考法：

▍水平思考法

當我們針對一個主題做出種種聯想，這就是水平思考法。

提到電視，你會想到什麼？當我們腦中想法受限時，可能只會朝各種實體上和電視「直接」相關的物品去想。比如想到電視遙控器、想到各種品牌的電視機、想到電視節目、電視廣告，以及想到第四台等等。

但一個經過訓練的思考者，就會朝各種角度想事情。

從內容上想：電視代表媒體，電視也代表內容。因此就會想到各種媒體平台，甚至網路平台，想到自媒體，也會想到各種和電視內容相關的戲劇、電影、綜藝、明星、新聞。

從性質上想：電視是機器，也是 3C 科技，就會聯想到電腦、AI 數位、智慧客廳，以及各種形式的播放器、音箱等等。

從象徵意義上想：會想到人際疏離、公眾意見、視聽娛樂、炒議題、知的權利、單方觀點、置入性行銷等等。

從位置上想：電視通常擺在客廳，因此電視會聯想到家庭、沙發、裝潢、生活品味，電視也可以擺在賣場，會想到 3C 通路，網路賣家等等。

答案可以很多，我們可以試著給自己一個題目，然後去做多元想像，經常就能夠想出不同角度的思維。很多精采的廣告都是這樣想出來的，好比說汽車，過去的汽車廣

告，大部分都介紹性能優異、配備豪華等等；但有些人會想，汽車其實也可以是代表成功的象徵，或是帶來家庭旅遊的感覺，甚至可以代表著不同車主的個性，當發想出新的角度，就能做出脫穎而出的新廣告。

主題：愛心，請自由聯想，想到什麼就用畫圖的方式畫在線的上方。

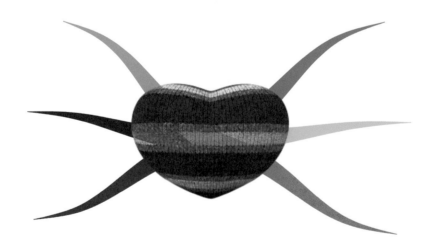

水平思考 練習題 2

主題：車子，請自由聯想，想到什麼就用畫圖的方式畫在線的上方。

▌垂直思考法

　　相較於水平思考，垂直思考是以一個主題為核心，往外放射出不同的概念。它的圖形有些類似心智圖，但更像接龍遊戲，一個串一個，A 串 B、B 串 C，但不是 A 直接連結 C。這樣的思考方式，有時候得出來的答案很跳 Tone，但也正因如此，往往可以導引出全新的思維。

　　例如提起圖書館，你會想起什麼？想一個答案就好。然後根據你想出來的答案，繼續一連串地聯想下去，以下是一個例子：

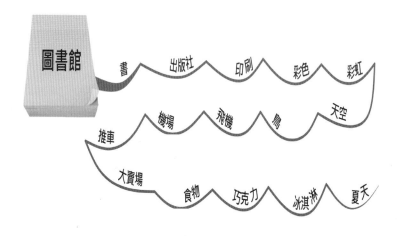

　　在這個例子中，仔細看這個連結過程，的確，每一個詞彙前後絕對是有關連的。例如想到彩色，的確就會想到彩虹、彩虹再聯想到天空，而天空就似乎已經和彩色沒有關係。常常練習這種思考方法有什麼好處呢？其實最大的好處，就是有助於記憶。

Lesson 　垂直思考 練習題 1

主題：豬，請自由聯想，想到什麼就寫下，或用畫圖的方式畫在線的

上方，一直聯想下去。

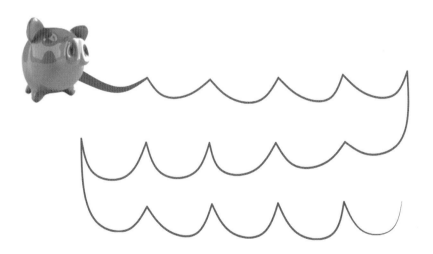

❸

心智圖與思考力

主題：房子，請自由聯想，想到什麼就寫下，用畫圖的方式畫在線的上方，一直聯想下去。

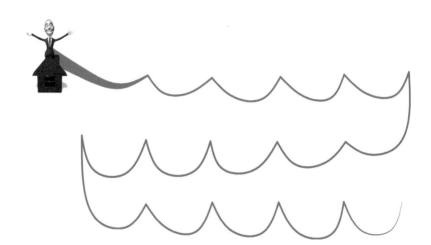

各位可以試著想想，以上這個練習題，共有十六個名詞，如果我把它們當成一個記憶測驗考題，要大家花一分鐘背下來，接著就抽問大家一共可以記得幾個？我想大部分人，可能頂多記得三分之一就很厲害了。

　　然而，若是一開始就是用聯想法記憶，那麼你就可以一路從第一個記到最後，甚至就算反過來記誦，都不會有問題。為什麼呢？因為中間聯想的過程，已經在名詞與名詞間產生了連結。

　　垂直思考為你產生連結，從另一個角度來說，垂直思考也為你產生故事。

　　無論是透過水平思考或垂直思考，只要是不斷訓練自己思考，都有助於活化自己的腦力，也可以幫助自己日後面對問題時，更能找到好的解答方案。

　　結合水平思考與垂直思考，呈現出來的樣式其實就是我們的心智圖。科學家說過，人類的大腦有無限潛能，至今科學都尚未能了解腦袋大部分的運作功能。但是透過心智圖，我們就像是在展現一幅大腦運作圖一般，同樣可以想像力無限。當我們設定一個中心主題開始自由聯想，心智圖開始水平與垂直思考擴散出去，以其為核心往四方延伸，將會拓展成幾張心智圖呢？答案是無限多張。就好像我們的大腦突觸一樣，只要我們願意，這些想像也可以無極限。

主題：巧克力，請自由聯想，想到什麼就寫在線的上方，也可以自己
增加延伸線條，增加內容。

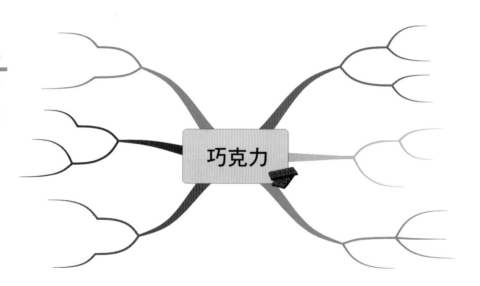

💡 思考力就是解決問題的能力

當我們面對問題的時候,我們會看到什麼呢?

對一個沒經過思考訓練的人來說,最容易犯的錯誤,首先是看問題只看表面,也可以說是「見樹不見林」;其次是看問題總是忘了可以細部思考,也就是「見林不見樹」。

例如碰到交通事故,或是廠商出貨有問題,許多人碰到狀況時,第一時間就驚慌失措,滿心想著:「怎麼辦?完蛋了!」嚇得一件事都無法處理。

但是冷靜下來後,可以發現,每件事都可以拆成很多部分來思考。例如交通事故,可以分成幾件事來處理:誰肇事、誰理賠?有沒有人受傷、傷勢如何?車禍耽誤了開會,要先電話通知等。有的事情可以當下處理,例如打電話給公司及客戶,有的事情就算煩惱也暫時無法解決,要靜待警察過來。當我們試著把一件件事情切開來看,就可以分開因應。

經過心智圖的思維訓練,我們可以培養將事情分析歸納的能力。有時候處理事情,就好像面對一幅拼圖,也許某一塊區域尚無法成形,但也不需要被困在這一點上,我們可以試著就手上有的拼圖,先完成可以完成的部分。

以上是解決「見林不見樹」,至於更常見的「見樹不見林」,就好像人們常說的,很多時候,我們看到一件事情發生,其實那只是整個問題的冰山一角。當我們只把焦

點放在處理面前的這一角，卻不知道底下還有一座龐大的冰山，那麼，事情終究無法解決。

思考力，就是解決問題的能力。

有家生產飲料的工廠，某天接到客訴。客人買了一箱飲料回去，結果發現其中有一罐是空的。客人很生氣，這件事甚至鬧上媒體，後來總裁召開記者會道歉才平息風波。但道歉之後，問題還是要解決。為什麼會有罐子是空的呢？

公司召集所有一級主管開會，討論改善流程；工廠也暫停營運，請專家來檢查機器。專家檢查後的評估結果是，產線上灌注飲料的機器本身，因為設計上的關係，在灌注的過程中，可能會有萬分之一的機率灌輸不完全，才造成傳輸帶上的罐子沒被裝入飲料。發生的機率雖然很低，可是只要發生一例，就會引起軒然大波。

專家與主管們經過許多討論，最後歸納出兩種可能的解決方案。

第一種方法是將設計有缺失的機器給換掉。但這家工廠需要五台飲料裝填機，每台機器更換要數百萬元，五台加起來就幾千萬，在景氣不佳的現在，這是不可行的，工廠沒那麼多經費。

第二種方法是在管理上多一道流程，聘請專人在最後裝箱時一罐罐檢查，但為此要聘僱至少四個人力，還要輪早晚班，因為機器是 24 小時運作。這個方案的成本雖然比

前一種少很多，但人事成本也是一筆大錢啊！每月多四個人力，只為檢查罐子，並且就算是人，也會有疏漏，如果每班再多一個人，那就需要更多人力了，該怎麼辦呢？

當專家們都還在討論各種機器設計環節時，廠長的外甥恰巧來訪。聽到這件事，他就對著愁眉苦臉的廠長說：「舅舅，你別擔心，我有一個方法，既不花大錢，又可以保證解決問題。」

廠長聽了很高興，問到解決方式是什麼？結果答案出奇簡單。第二天，暫停營運的工廠又啟動了，這次廠長很有自信，保證不會再有空罐事件。

外甥的方法，是在飲料最後輸送到裝箱流程的履帶上，安裝一台風扇，風力不會吹倒一般飲料罐頭，但可以輕易吹掉未裝填的空罐。就這樣，只花兩、三千元安裝特製風扇，就把事情解決了。

又如同 Excel 能力超強的人，他處理一件工作的速度，可以比不會 Excel 的人快上好幾倍，差別就在於他記得快速鍵用法與公式。一流的人才，會應用簡單、有效方式來解決問題。

透過高效思考力，可以讓我們「聰明」解決問題。下面，我們就來實際應用心智圖，訓練我們如何聰明思考及解決問題。

應用心智圖，
思考及解決問題

問題發生了，就是要解決。甚至很多時候，我們該慶幸問題有發生，因為這讓我們有機會在問題還在可處理範圍內就設法解決，而不是等到問題大條了，想要解決都沒辦法。

但我們最主要的「問題」，其實是當問題發生時，我們不一定能看到真正的問題關鍵所在。如果看到的只是冰山一角，那麼想出的解決方案也只會是「頭痛醫頭」、「腳痛醫腳」。

正確解決問題的方法需要經過訓練，而心智圖就是很好的工具。

如何找到「真正的問題」

只看表象、不看根源，是很多問題無法真正解決的原因。

比如有人經常感冒，關鍵因素是他的體質差，他應該鍛鍊身體增強免疫力，而非總是就醫拿藥吃。或者某個街道經常出車禍，那就應該注意是否交通動線設計不良，而非都當做單一車禍事件處理。

為什麼心智圖可以協助我們思考？因為心智圖的特性

之一就是枝幹相連，但又分成粗細主次，其實每一次的分支，都代表著另一層思維。

比如鄉民代表在會議中討論「如何為本鄉帶來更大的經濟提升」？依照傳統的會議方式，大家你一言、我一語辯來辯去，可能條列出一些問題，最後各說各話，只找出似是而非的答案。

但若透過心智圖來討論，把主題「本鄉經濟提升」放在核心，接著透過散開的分支來討論時，就能透過把每個分支列為一個主問題、其下的子問題可以彼此對應，並且向下拆解，從關鍵字之中得到更多想法。

記得嗎？當我們在做心智圖練習時，有一個步驟是要適當分類，把可以分到下一層的名詞分到下一層。

比如提升本鄉經濟的其中一個方式是發展觀光，在心智圖上，我們要拆解它。「發展觀光」這四個字，前半部是動詞、後半部是名詞，所以把動詞「發展」列為一個主標題，名詞「觀光」分為下一層的其中一支。

這時就會幫助我們思考，「發展」之下還可以寫什麼，你可能會想到可以寫「特色農場」，這時候你也會發現，「發展觀光」跟「發展特色農場」其實是兩件事，需要不同策略，甚至還可能衍生出「發展文創」、「發展有機農園」等不同的「發展」。使用傳統的方法討論時，可能不會想得這麼多，可是畫成心智圖，就很容易被關鍵字啟發出延伸的想法。

除了討論「可以主動做什麼」，例如透過發展觀光提升本鄉經濟，也可以從另一個面向「可以避免什麼」來進行討論。在這個面向，可能其中一個方式是「減少髒亂」，我們可以再一次拆解詞彙，在「減少」的後面畫上一個「髒亂」的分支。除了減少髒亂，還可以減少什麼呢？有人會想到，還可以減少「噪音」，因為本鄉的夜晚會有飆車族經過，帶來噪音，這也可能是本鄉經濟發展受困的原因之一。

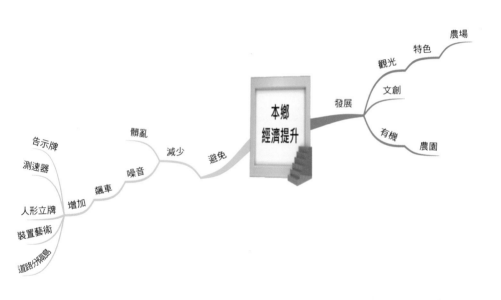

　　使用心智圖，讓我們發掘出之前沒有特別重視的問題。對於問題的細節，也可以一層一層想下去。為何會有飆車族？如何解決「夜晚有人飆車」的噪音源問題？比如想到可以「增加告示牌警語」的方法，在拆解之下，把「增加」放在主幹，底下的枝節除了「告示牌警語」，還可以有更

多的答案，例如：測速器、保全崗哨、人形立牌、裝置藝術、道路分隔島等。

若透過傳統的開會方式，可能不會想到這麼多解決方案，問題也難以理想解決。但透過心智圖，可以幫助我們找到更多實用的解決方案。

💡 將心智圖落實於生活應用

如果能搭配適當的工具，我們可以更有效率的運用腦力、發展潛能。這和我們的智商無關，也和我們的學歷高低，或者是否經常學習無關。就好像一個人再怎麼聰明，如果只靠雙腳走路，還是要花很多時間才能從台北走到高雄，但若是選對工具，他就可以快速到達目的地。

透過心智圖訓練思考，讓我們懂得透過多元形式來審視及解決問題。這樣的思路，可以應用在任何事情上，包括我們日常生活常碰到的狀況也可以。

例如，為什麼我們經常覺得「時間不夠用」？如果只說，問題出在「時間管理不佳」，雖然我們了解了原因，但這句標準的制式答案，並不能協助我們改變現況，我們依然會覺得時間不夠用。

如果只靠一般的思考方式，你可能就是拿起筆記本，一條一條的列出：第一、我太懶；第二、我雜事太多；第三、我不懂授權……每一條都是獨立因素，無法彼此產生連結，也難以組建出一個實用的解決方案。

但如果試著透過心智圖分析問題，雖不敢說一定能解決（畢竟時間夠不夠用，還牽涉到自己是否有毅力改變），但至少，我們更可以釐清問題的根源。

以下讓我們來試試，透過心智圖思考一下，「為何時間不夠用」？

心智圖的設計讓我們立刻要想的第一個問題，就是主體是誰？也就是「誰時間不夠用？」

答案當然是「我」，以心智圖的階層定位來看，我們很容易就可以設定為主標是「人」。

當出現一個主標題後，其他的主枝幹也就一一浮現：們可以用「人」、「事」、「時」、「地」、「物」，區分出解決問題不同的路。

當這樣思考事情時，很明顯會比單純的線性思考或條列式思考更能深入問題的根源。

▍心智圖關鍵字拆分法

不論身處什麼行業、什麼職位，在日常生活中我們都可以應用心智圖來解決問題。

不管你是經常會碰到客訴狀況的第一線工作人員、要為商品成敗負責的市場營運經理，或者是常為了員工管理感到頭痛的公司老闆，試著讓自己跳脫傳統的線性思考方式，試試改用心智圖，特別是善用拆分法，相信能給你許多不同的靈感。

例如員工業績不佳，主管檢討後發現，可能是公司獎

勵業績的誘因不夠，那麼要怎麼改善？一般最常提出的解決方案就是給予獎金，但獎金真的是最佳方案嗎？

如果公司並不是主要進行銷售、業務導向的類型，而是像工廠設備支援維修的公司，業績主要來自服務績效而非銷售獎金，員工都有不錯的薪水了，獎金也不能給太多，那還有什麼方法可以提升業績呢？

同樣利用拆分法來看，「給予」是動詞，「獎金」是名詞。那麼除了給予獎金外，還可以給予什麼呢？在心智圖思維下就會腦力激盪出不同的「給法」，例如可以給予榮譽假、商場禮券、公開嘉獎等。

而從「榮譽假」這個詞，又可以延伸思考，除了榮譽「假」外，還可以給予「什麼」榮譽？比如「榮譽獎章」，當月業績好，也就是服務的廠商都對我們的維修感到滿意，就給予一個榮譽獎章，可以掛在身上一整個月，並且若集滿三個榮譽獎章，還會有特殊的表揚。

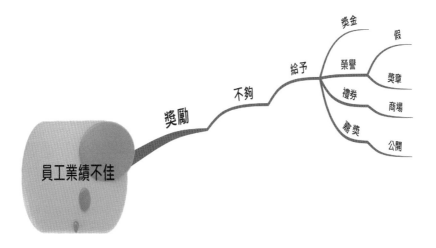

透過心智圖，可以讓我們的思維不只是單一方向，而能朝多元思考方向發展。

▌5M1E 分析心智圖

在此也補充一個適用於生產管理的問題分析心智圖。當工廠生產出現狀況，我們通常可以從六個面向分析，來找到問題的核心原因；把問題放在心智圖的中心，畫出六個支節去分析問題，找到問題的核心原因後，後面再接解決方案。

這六個面向就是 5M1E：

Men（人的問題）：人員心情不好、訓練不夠等等

Machine（機器的問題）：機器零件故障、機器過熱等等

Material（料的問題）：原料品質不佳、成分不對等等

Method（法的問題）：流程出錯、做法不對等等

Measure（量的問題）：庫存不足、計算問題等等

Environment（境的問題）：工廠環境、大自然環境的問題等等

日常生活中，我們一定經常碰到各種問題，小至與女朋友吵架，大至工作出錯面臨開除等等，讓我們多多嘗試應用心智圖，來思考問題與解決問題。

下一節讓我們來觸及一些更「個人化」，但非常重要，

甚至影響一生的問題，透過不同的思考方式，希望可以得
到更好的人生解答。

Lesson **心智圖分析 練習題**

把目前生活上或工作上所遇到需要解決的問題，用心智圖分析問題的
原因，並找出解決方案。

心智圖引領**更好的人生**

很多時候，我們人生往往就在某個轉彎出了錯，然後帶來某些遺憾。

是否時常會聽到有人說：「早知道……」、「如果當時……」，雖然好漢不提當年勇，人們也不該沉溺在過往的傷痛，但如果在每個人生的轉角，能夠有人告訴我們更佳的解決方案，那該有多好。

其實，任何事都不該依賴別人，凡事還是要靠自己。碰到人生狀況的時候，試著用心智圖，可能可以為你減少更多的遺憾。本節將介紹兩種在人生重大抉擇時，所適用的心智圖應用。

當需要做抉擇的時候

人生的遺憾，可能會發生在什麼時候？如果一件事的發生，你無法做決定，那就沒有遺不遺憾可說，畢竟那是「天意」。但若是能有幾種選擇，你選的卻是結果比較不好的那個，那就十分遺憾了。

例如當初應該嫁給甲先生，而非乙先生。

當初應該唸商學系，不該念理工科系。

當初應該去 A 產業服務，而不是來 B 產業。

如果有機會讓你坐著時光機，讓你回到當初抉擇的時刻，若你仍只是依著情緒來做選擇，或者聽信幾位朋友的建議而行動，那麼遺憾終究還是可能發生。

　　處在人生的抉擇時刻，我們可以怎麼做？這時候就可以試著畫一張心智圖。要相信寫下來的力量，只在腦袋想想就下決定，跟寫下來評估是完全不一樣的，寫下來再搭配工具可以幫助你理性思考、全面分析。

　　人生有許多策略要抉擇，這時將心智圖與雙值分析結合，來對我們提供幫助。雙值分析，顧名思義，就是透過「數值」來分析。

　　一般來說，我們在做任何決定時，基本上都是在兩種選擇、Yes 或 No 之中取捨。要不要轉換跑道？要不要結婚？要不要出國留學？每件事都是 Yes 或 No，沒有既能 Yes 又可以 No 的。

　　做抉擇之所以痛苦，就是因為兩種選擇各有利弊。否則，若某個選擇是一面倒「很好」，也就沒有抉不抉擇的問題了。

　　運用雙值分析，就是分別列出 Yes 選項和 No 選項之下各自的優缺點。在沒有心智圖前，一般人就是透過筆記本紀錄，一頁寫上 Yes 的優缺點分析，另一頁寫上 No 的優缺點分析。

　　但透過心智圖，可以將 Yes 和 No 的優缺點放在一起比

較，不但一目了然，還能互相對應，也更有利於之後對選項評分。

首先，就在心智圖中央放上我們的主題，比如：「要不要換工作？」

▌主枝幹與命題

接著我們拉出兩條枝幹，以雙值分析心智圖來說，就是兩條簡單的主幹，一根是 Yes、一根是 No。每根主幹後又各分兩層，一層是優點、一層是缺點。

以本案例來說，就是「若換工作的話有什麼優點？」、「若換工作的話有什麼缺點？」、「若不換工作的話有什麼優點？」、「若不換工作的話有什麼缺點？」，一共有四個命題。

但每個次主幹後面，再下一層的枝幹就很重要了，這也是心智圖最大的優點：幫助我們認真思考。

▌善用關鍵字，思考優缺點

在 Yes，也就是選擇換工作的這一邊，我們可以列出幾個優點，例如：可以有機會做想做的事、可以擺脫討厭的主管、可以增加不同歷練……等。同時也要認真列出它的缺點，例如：不可能一下子找到工作，會有空窗期、可能工作愈換愈糟、會給人愛跳槽的印象……等等。

在不換工作的 No 這邊，也要認真列出如果不換工作有什麼優點，諸如：工作經驗可以累積、累積年資、累積假……等；若不換工作有什麼缺點，如學習成長受限、制度沒彈性、

升遷不易……等等。

　　當然，依照心智圖的特點，我們要善用關鍵字，別真的寫上「不可能一下子找到工作，會有空窗期」這樣的長句子，而要只用關鍵字，例如只寫上「空窗期」。

　　當你用心寫好這張心智圖，會發現你已經分別在心智圖的左右兩邊列出很多選項。用對了心智圖規則，一個枝節只寫一個關鍵字，可以有效幫助你思考。

　　例如在 No 的優點，原本只寫了累積工作經驗，在一個枝節寫一個關鍵字的條件，幫助我們想到還可以累積年資與休假。No 的缺點，原本只寫了制度沒有彈性，一個枝節寫一個關鍵字的條件下，還幫助我想到升遷不易。

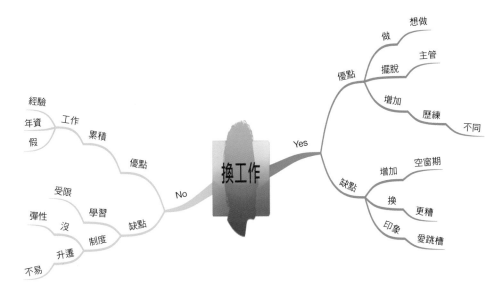

▌積分歸納，優劣立現

　　列好優缺點，接著就是分析的時刻。雖然分析，主要還是憑自己的感覺，但也不能全然情緒化，而是要搭配積分來判斷。

　　我們可以用 1 ～ 5 分來評量每個優缺點，5 分表示對我很重要，1 分代表對我不重要。也許你認為「脫離討厭的主管」這件事很重要，就在優點裡給 5 分，「有機會可以做喜歡做的事」也很重要，就給 4 分。依序把換不換工作的優缺點旁都各給評分，然後加總分數。

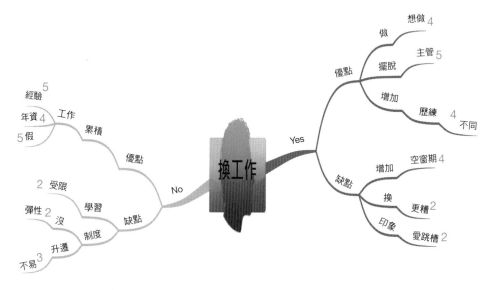

　　換工作：優點 13 分－缺點 8 分＝ 5 分

　　不換工作：優點 14 分－缺點 7 分＝ 7 分

　　整體看來，還是不換工作好。這是只有透過心智圖才能得出的結果。

假設有個年輕人叫做小陳，為了考慮換不換工作，他畫了這張心智圖。原本他是想要換工作的，但深究原因，他想換工作只是因為某天被主管罵了，他心存不快，覺得不喜歡這個主管，所以才想換工作。

　　如果小陳沒有這張心智圖，任由自己的情緒主導，他可能真的一怒之下離職，然後因為找不到理想工作，或者在新工作中又跟新主管吵架，結果工作愈換愈糟，最終落得很慘的處境。屆時他就會感到遺憾，當初若不要那麼衝動，若是深思熟慮就好了。

　　心智圖可以幫助一個人做出更理性的抉擇。以小陳的例子來說，也許最佳方案是他繼續工作幾年累積經驗，到時就有更好的條件可以跳槽。

　　心智圖的思考方式，可以運用在任何二選一的抉擇上。不管是人生中的 Yes 與 No 選擇、做事情兩種方案之間的選擇，在工作上也可以給我們許多幫助，例如公司要不要往海外發展？公司股票要不要上市？要主推 A 產品還是 B 產品？

　　我們每天都在做許多選擇，這些大大小小的抉擇造就了我們的一生，要做出最好的選擇，今後可以試試心智圖雙值分析的方式。

把最近想做抉擇、又一直難以下定決心的一件重大事情，用心智圖雙值分析評估一下。

把最近考慮想購買的兩項產品，或近期將要執行的兩套不同方案，用心智圖雙值分析評估。

▌用終局思維幫助判斷

在使用心智圖雙值分析，來思考工作上、生活上要抉擇的事情時，也可以用「終局思維」來幫助自己理清思路。

什麼是「終局思維」？這是曾任阿里巴巴集團總參謀長的曾鳴教授所提出的理論：對於重要的事，真正要想的是「最後結局是什麼」，然後往回推。

例如在考慮換工作的事情時，不知道是去新的工作好，還是留在現在的工作好，這時候就可以用終局思維，先想想看哪個工作你願意做到退休？先想未來，再倒推回現在，就比較好做判斷。

當你抉擇 Yes 要去做，接著可以想一下，Yes 的缺點是否能去除或降低？Yes 的優點能不能增加或提高？這樣去做的時候可以更放心的執行。此外，也可以換個角度思考一下，這件事情一定要現在就下決定嗎？還是可以緩一緩？

同樣例如考慮換工作，一定現在就要決定嗎？或許再過一個月，你就沒有這麼想換工作了，事情就變得不是那麼重大，一定要做抉擇了。

很多時候，我們在做選擇時花了太多時間成本。比如今天出門要穿什麼衣服？要買什麼樣式的音響？要點什麼菜？要給小孩補哪一間補習班？生命中很重要的一件事，就是減少選擇的項目。許多大人物們，打開衣櫥，就是一件件的白襯衫，所以出門不用想要穿什麼衣服。如果我們可以減少一些日常中的抉擇，把時間留給更重要的事，這

對於重大事情的抉擇是很有幫助的。期待讀者們運用心智圖雙值分析，可以更理性、更容易做出抉擇。

💡 當需要管理時間的時候

人生中經常會碰到工作、感情、理財等各種領域的困擾，這些問題的思考，都需要經常練習。但除此之外，人生還有另一種常見的問題：那就是時間分配。

只要做好時間管理，我們可以做得到任何事情。

時間分配之所以重要，是因為人生苦短，如果不好好分配時間，後來什麼事「來不及做」，那麼人生最後就會感到後悔。也正因為人生苦短，所以有些事情不必浪費太多時間，但是如何抉擇什麼事值得去做？這就牽涉到選擇的智慧。

如果什麼都想要，最後終究無法達到，那是遺憾；如果不知道自己要什麼，一生茫茫然，那更加遺憾。

要避免以上這兩件事，我們可以透過心智圖提升生命高度。

在利用心智圖做時間管理之前，我們要先請讀者條列出你人生中最重要的事，或者你人生一定要達到的目標。

為何要列出這些呢？因為如同前面所說，人生苦短，如果不知道自己喜歡什麼事、想達到什麼目標，那又怎麼做接下來的時間分配管理呢？

都列出來之後，我們就可以著手來畫心智圖。

這張心智圖的主題是時間管理。基本上，時間管理是每天都要做的事，也就是每天都要有一張心智圖。

在此為了方便說明，我們就來列一張心智圖，管理接下來三個月的時間吧！

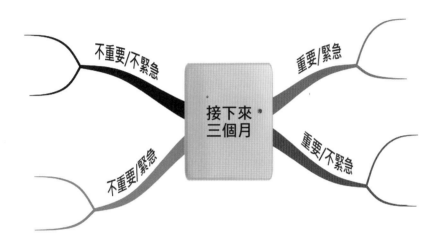

第一步當然就是在心智圖中間寫放上要管理的月份，接著畫出四大枝幹。

畫好四大枝幹後，接著就要仔細列出，哪些事是我們應該列為重要且緊急，哪些是重要但不緊急……等等。這時候，你可能會發現，自己還真的列不出來呢！因為平常就沒有時間管理概念，每天就是隨機做事，無怪乎生活一團亂。現在透過心智圖，剛好可以審視一下自己的生活。

也許有人會覺得，這看起來就是時間管理的四大象限，就算不透過心智圖也可以做到。話雖如此，但心智圖有難

以取代的優點，寫關鍵字的方式可以協助聯想與思考，並且，心智圖設計上的左右對照、線條加粗上色、加上圖案等方便記憶的特色，都不是四大象限能比擬的。

▌輕重緩急，你列對了嗎？

列出三個月當中該做的事情後，仔細審視一番，我們就會開始發現很多問題。

首先來檢視心智圖的右上角，也就是重要且緊急的。

你的處理策略是什麼？這些事你真的是以有效率的方式來處理嗎？基本上，被列入這個象限的事，應該是今天馬上要做、否則就會帶來不好結果的事。

再來，檢視心智圖的右下角，也就是重要但不緊急的。

這些重要的事雖然不緊急，但你要拖到哪天才做？是否經常一拖再拖？最否要到了火燒屁股那天，已經變成「重要且緊急」時，才在熬夜趕工？況且，對你而言，重要的定義是什麼？你曾仔細想過嗎？這牽涉到每個人的價值觀，後面會再說明。

接著，檢視心智圖的左下角，也就是不重要但緊急的。

我們可以反省，自己是不是花了太多時間在這個象限？我們的每一天，可能大部分時間都用在看信回信，或者處理許多雜事。可以想想，這一類的事情是否可以授權別人去做？特別是身為主管的讀者，這類的事應該很多，交辦下去讓專人限時完成，會更有效率。

最後檢視心智圖的左上角，也就是不重要且不緊急的。

先想想，這類事情是否真的有必要做？若真的有必要，

再想想，這類事為何不重要，是否在某種條件下會變得重要？

▌時間管理心智圖，透露出你的問題

當我們重新審視自己所畫的時間管理心智圖，開始問起，這件事真的「重要」嗎？這件事真的「不重要」嗎？這時候，往往會發現常見的兩大問題：

第一、你的夢想在哪裡？

在課堂上，我們會請學員完成時間管理心智圖。

但在檢視大家的心智圖時，往往發現很多人根本沒把夢想和目標列入時間管理裡。這是很荒謬的，明明這是一生中最重要的事，但它不僅沒出現在「重要且不緊急」的象限，甚至根本沒有在考量時間管理的時候想到它。

為什麼完全沒列入呢？因為總是覺得「找一天」再說，但找一天到底是「哪一天」？人往往就是這樣，把夢想寄託在「某一天」，但「那一天」卻永遠不會出現。

也許有人會說，可是我的人生目標是「自己開公司」，這件事「未來」才會發生，所以「現在」我才沒列入。但是，每件事的發生，都會有個歷程；如果沒有這些歷程，你可能突然之間「變成老闆開公司」嗎？所以，至少也該在「重要但不緊急」的項目裡，列上「研習創業學」、「觀察老闆的風格」、「進修管理學」等等。

在實現目標之前，總是有些事可以做，但不能完全不列入，畢竟那是你人生最重要的事。

第二、你的心智圖裡，有包含幾件人生中「真正」重要的事嗎？

　　這也是非常普遍的問題。我們的時間管理圖上，可能洋洋灑灑寫著很多事，或許包括工作事宜，甚至也可能包括要記得去看某一場電影。但我們卻經常忽略以下的項目：

　　比如健康。健康重要嗎？你有沒有運動計畫？有沒有健康檢查計畫？時間管理當中，有沒有任何和提升健康相關的項目？

　　如果都沒有，難道你覺得健康完全不重要？如果你覺得健康不重要，那麼可能不用等到年老，身體就會向你反撲，這樣也沒關係嗎？

　　比如家人。時間管理中，有沒有列入要關心父母、關心伴侶和兒女？有包括要給妻子驚喜，送她一束花嗎？有包括要陪媽媽去走走逛逛嗎？這些事「不重要」嗎？但是有些人卻完全沒想到這些事。

　　此外，也很常被忽略的還包括學習的時間、自我沉澱的時間、聯絡老朋友的時間，關懷社會的時間等等。

　　透過心智圖可以讓我們發現，當我們自以為做好了時間管理，其實可能漏洞一大堆，這也是我們可以多多應用心智圖來讓自己思考的問題。

　　並且，時間管理最重要的，是事後檢驗有沒有依照規畫執行。當我們規畫了一張下個月的心智圖時間管理，整

個月過完之後，可以把心智圖拿出來回顧，列在重要又緊急的事情，有沒有依照策略馬上處理；列在重要不緊急的事情，有沒有依規畫循序漸進的處理；列在不重要但緊急的事情，有沒有依策略授權或溝通後讓別人處理。

　　例如運動這件事情，你認為它重要但不緊急，規畫出一周運動二次、每次 30 分鐘以上，有沒有實際完成呢？還是一忙就沒做，想說有空再運動呢？如果是這樣，再下個月在做心智圖時間管理時，就要好好思考如何讓運動真正發生，而不是寫好玩的。又例如你的夢想與目標放在重要不緊急區塊，有規畫要讀英文，但因為很忙一整個月都沒讀，這時就要好好檢討，不然你的夢想與目標是永遠沒辦法達成的。

Lesson 　時間管理 練習題

用心智圖做下個月的時間管理。

■ 心智圖讓我管理事業更加輕鬆

詹敏政

　　我是僑城文教機構班主任，僑城開辦迄今已邁入第十八年。目前僑城的所有老師及學生，都已學過正統的心智圖法。僑城採引導方式，讓國小一～三年級孩子，主要針對「水平思考」、「垂直思考」與「物品分類」做練習，訓練聯想力及有意識的記憶能力。再輔以正規的心智圖法，用「填充題」方式，奠定四年級以上自主畫心智圖的能力。

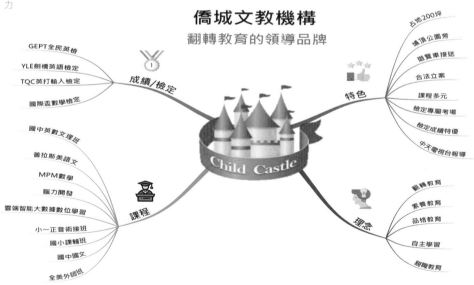

僑城文教機構
翻轉教育的領導品牌

四年級以上至國中的孩子，因為已經有低年級的基礎，所以較能自主完成繪製心智圖，再搭配畫重點能力，做到真正完成自主學習最後一哩路。

　　另外值得一提的，是老師們無論平日的工作日誌，或是開會的討論與規畫，都採心智圖方式討論，先透過「發散討論」，再「聚焦結論與執行方案」。這讓員工的工作效率提升，降低不少溝通成本，也讓我管理事業輕鬆許多。

　　心智圖法已融入僑城的 DNA 與思考模式，這些都要感謝聖凱老師為我們帶來的啟發與協助。

　　期許未來，僑城能為翻轉教育做出更大的貢獻。

█ 心智圖時間管理，打造無限可能

顧堉紘

　　我目前就讀於健行科技大學，是四年級的學生。從 2017 年 2 月開始跟王聖凱老師學習心智圖，配合每天的作業練習，讓我對心智圖有更深的了解。心智圖有別於一般的筆記，可以更有效的進行記憶。心智圖比較重視影像，透過圖像化再加上簡短的關鍵字，所以在繪製心智圖之前必須要先將資料重新整理歸類。心智圖畫出來後，八成以上的內容就已經因為圖片跟關鍵字的連結，讓我牢牢的記

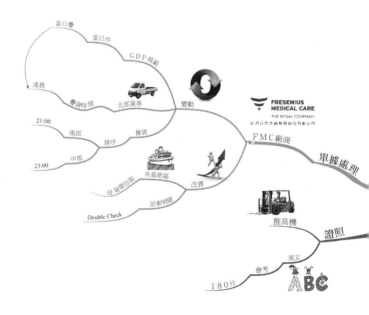

❸

心智圖與思考力

住了。

　　我目前在信可物流實習。在實習階段，我利用心智圖進行工作上的記憶與工作重點整理，這讓我更有效管理工作時間。每個月在進行工作擬定計畫時，心智圖可以幫助我根據事情的輕重緩急進行排序。在學習新的工作業務時，可以先記下重點，再畫出心智圖進行整理，圖文並茂的方式再加上精簡的文字，讓記憶更加深刻。

在聖凱老師的帶領下，我慢慢的踏入了心智圖的世界，比起一般的筆記，心智圖使學習更有效率。心智圖有無限延伸的特性，讓我思考不受拘束，創造出無限的可能。

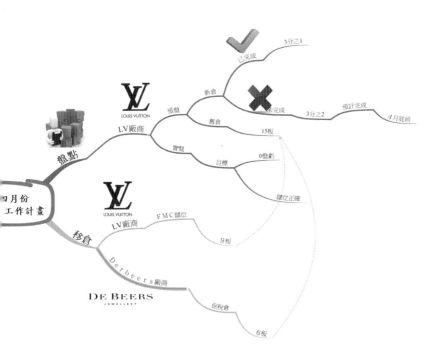

▌一圖在手、一目了然，讓開會效率倍增

張煥章

　　我應用心智圖在業務會議上。

　　內容包括上級長官指示、業務訪談聯繫內容、跨部門合作與溝通、產品專案分享等。

　　我喜歡在會議前用心智圖先設定好主標題，這樣會很清楚要討論的流程與事項；心智圖適合即席聽寫，應用關鍵字書寫，可以讓我聽得更多更清楚。而且我常常發現，一場會議開下來，我只用了一面的心智圖筆記，遠遠勝過以傳統條列式筆記的同仁喔！

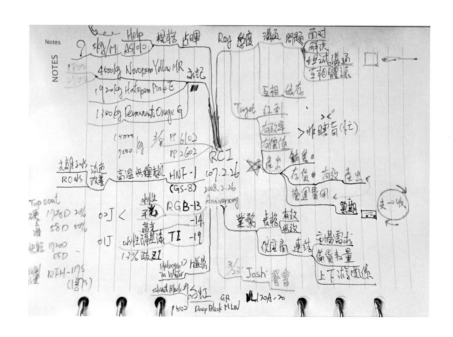

▋改變我工作及學習的模式，創造一生影響力

黃智遠

　　我本身是個典型「諸事繁忙」的人。現代流行一個名詞叫做「斜槓青年」，我正是那種名片拿出來、頭銜列整排的人。我自己在桃園市擁有一個食材工廠，供應大桃園地區許多幼兒園的伙食，我還擁有一家文教公司，專門在做教育培訓也包含出版發行業務；另外，我還創辦教育協會，拓展各種助人學習的業務。光本業已經足夠讓我分身乏術，但我本身還參加許多社團，在各個社團還擔任幹部，同時我也是經常四處分享知識的講師。

　　這樣的我，一方面在工作上，必須要能設法把這麼多不同領域的事情做好分類管理；另一方面，我的工作包含很多的學習與傳遞，例如我必須到處演講，因此我必須時常吸收新知。熱愛閱讀的我，除了經常看書，更常參加各類的演講及講習活動。

　　從前時候，我因為沒有好的工具，所以生活常一團亂。我本身的邏輯性不是很好，也覺得自己不是反應快的那種人，有時候覺得自己做事笨手笨腳的。為了改善自己的狀態，於是我就積極上網尋找可以有助於我提昇效率的方法，就在那樣的搜尋中，才知道有種叫作「心智圖」的工具，看起來很適合訓練自己思考邏輯。後來學了才發現，心智圖不只對思考有幫助，對記憶也很有幫助。

不論是學習或者生活中投入不同的工作，心智圖對我的幫助很大。特別是當我在不同的場域中轉換，上午在某個社團、下午趕去另一家廠商，如何不讓不同領域的事搞混？心智圖帶給我時間管理很大的幫助，可以讓我腦袋比較清楚，更有條不紊的讓事情完成。

我很愛看書，以前經常看完就忘記，現在透過心智圖，不但可以快速把書看完，並且比以前更加了解一本書的重點。我很喜歡聽演講，以前也是聽完就忘了，現在我習慣邊聽邊紀錄，一邊聽到什麼重點，手中就轉為心智圖，每每演講聽完，手中也有了一張標準的心智圖。這張心智圖不只讓我快速複習，更清楚每場演講的重點，並且就算隔很久，我只要拿出這張心智圖，就可以快速回憶這場演講的內容。

心智圖對我影響太大了，甚至說心智圖改變我的人生也不為過。現在的我，習慣透過心智圖，每天清楚的把當天要做的事記錄下來，或者說，我更容易能分出事情的輕重緩急，不再像無頭蒼蠅般毫無頭緒。我已經知道，有些事可以交辦出去，我只要抓好大方向，就不需事必躬親。

有了心智圖，讓我事業再多也能游刃有餘，可以不疾不徐的把一個個任務完成。

在此我要特別感謝王聖凱老師，他是個對心智圖推廣很有使命感的人，我也在他教導下，獲得很多心智圖的啟發。如今我也是合格的心智圖教師，我衷心覺得，這是個真正能幫助人的好工具。我從小就不是聰明小孩，在念書

過程中很辛苦，有時也覺得自己很笨。現在我要透過心智圖讓更多人了解，人生是可以很不一樣的，這也是我如今的使命之一。

再次地感謝王聖凱老師，他透過心智圖帶給我這麼正面的影響。

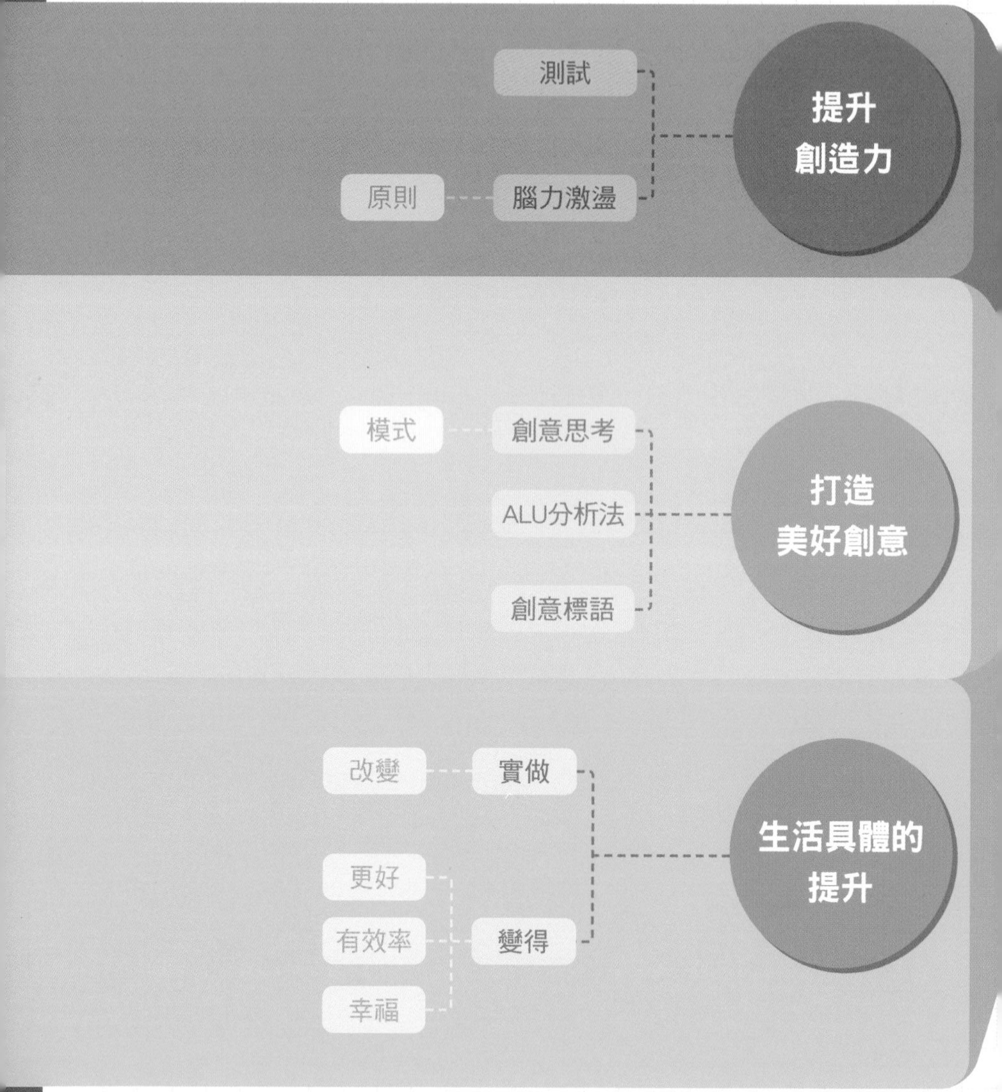

測試

提升
創造力

原則 ----- 腦力激盪

模式 ----- 創意思考

ALU分析法

打造
美好創意

創意標語

改變 ----- 實做

更好

有效率

變得

生活具體的
提升

幸福

心智圖與
創造力

提升你的**創造力**

　　如果人類沒有創造力，那文明的發展就永遠停駐在石器時代，甚至可能連「石器」都沒有，因為就算是最簡單的石器，也必須要「無中生有」，一個再聰明的人，若不懂無中生有，就不可能突破自己舊有的生活模式。

　　21 世紀後，機器人以及各種 AI 應用，已經深入生活，甚至許多工作都開始被機器人取代。這不是預言，而是已經實際發生。不只在傳統製造業，機器已大量取代人工，就連一些「腦力」為主的行業，比如金融業，包括買賣股票等許多工作也都委由機器處理，機器人理財已經比人類有效率了。

　　但機器人再怎麼「聰明」，也無法擁有人類的創造力。若它們能夠創造東西，也一定是在人類賦予的程式基礎上加以邏輯延伸。但這樣的創意，無法創造出李白的詩詞、阿基師的廚藝、LV 的時尚設計，以及眾多讓人會心一笑的創意廣告。

　　如果說，創造力是人類贏過機器人最重要的關鍵因子，那麼，加強自己的創造力，就不是可有可無、以為只有研發或行銷人員才需具備的能力了。

💡 你有創造力嗎？

每個人都可以測試你自己是否有創造力。

請注意這和聰不聰明沒有必然關係，所以也不需要因為自己被測試為創意力不足，就認為自己個是笨蛋。一個天才兒童，可能可以在「老師提供的題目選項」中做答，考出極高的成績；但一個具備創造力的人，有能力「無中生有」，跳出舊有框框，名符其實的「創造」出新的東西。

試試這個簡單測驗：

請以「｜」這個線條為主架構，加上筆畫盡情想像，畫出各種可能。例如加個三角形變成一支小旗子，或者畫上三個尖尖變成一把叉子等等。在五分鐘的時間內，試著讓自己從「｜」創造出愈多圖形愈好。

｜　　　｜　　　｜　　　｜　　　｜

｜　　　｜　　　｜　　　｜　　　｜

｜　　　｜　　　｜　　　｜　　　｜

｜　　　｜　　　｜　　　｜　　　｜

｜　　　｜　　　｜　　　｜　　　｜

｜　　　｜　　　｜　　　｜　　　｜

這個測驗可以測出四個和創造力相關的指標力，每個指標力都和創造力的強弱有關：

敏覺力

也就是做為創造的最原始力量，你要有快速的創造反應。表現在測驗上，就是在老師宣布開始作答後，有的人立刻低下頭去，迅速畫起圖來；有的人就會愣在那裡，第一時間不知道該怎麼做。

前者比較有創造力的「習慣」，他們可能在日常生活中抓住任何機會，衍生出新的創意想法，後者可能比較活在既有的框框裡，一當要跳出舊思維，主動畫出「新」東西，就變得反應不過來。

流暢力

當測驗結束後，一個人能夠在紙上畫出愈多的圖形，就代表流暢力愈強，簡單來說就是腦袋轉得快，可以很快地一個一個聯想。

大家可以試試看，一個平常沒有經過訓練的人，可能剛接到題目時，一開始可以快速地畫出五、六個圖，但之後就有些黔驢技窮的感覺，畫不出東西了。

流暢力差就代表創造力有限，碰到事情時可能只想得出幾種方案，無法更天馬行空發揮。

變通力

如果你的流暢力不夠，也不要懊惱。在這個題目，我們發現有的人看似可以一口氣畫出很多圖，但仔細一看，

他畫的圖大部分都是「同一類」的。例如有人剛好對中國兵器有研究，於是他畫起圖來，立刻把所有認識的兵器都畫上去，畢竟，所有兵器都有一根桿子不是嗎？那根桿子就是「｜」，光這樣他就可以畫出十幾、二十個圖。但如果畫的都是同一類的，那麼創造力依然有限。

變通力強的人，同樣是畫二十個圖，但可能是二十種分屬不同領域的東西，這樣才比較有變通力。

獨創力

當測驗結束，我們看每個人畫的圖時，許多人可能如同前面的例子，畫出一堆同性質的東西，也有人可能畫得比較牽強，房子、車子、桌子、椅子畫一堆，畢竟大部分的東西，上面都可以找出一條直線。但如果感覺像是硬湊出來的，那也不算有創造力。

而獨創力，就是讓觀者眼睛一亮：原來「｜」可以用在這種地方啊！當愈多的圖可以讓人驚嘆，就代表愈有獨創力。

除了以上四力外，還有一個和創造力相關的力叫做**精密力**。因為前面所提及的四種力，主要還是影響腦中的創意發想，可是有了創意，接著還要透過一種力來落實，那就是精密力。所謂「精益求精」，當創意要被落實，就必須應用到心智圖了。

💡 腦力激盪，讓創意落實為可能

我們經常聽到「創意」跟「創新」，這二者有什麼差別呢？

有人認為，創意就像腦海中有個燈泡突然靈光一閃那樣，是全然的新想法；相對來說，創新則比較像是在舊有基礎上發展出新的可能。

其實，將舊有的東西發展出新的可能，或是無中生有發明新東西，它們都是創新。只要是超越舊思維，所誕生出的新產品、新制度、新觀念、新模式等等，這些都是創新，而創意則是所有創新的基礎。

因為如果沒有落實，一切想法就只停留在「創意」層次，就只是個「沒有用」的點子。要落實了、進一步發展，才是創新。

但是，並非只要有點子就一定是好點子，就一定可以立刻派上用場。從創意到創新需要經過歷程，如果創意發想是屬於讓腦中的思維「發散」，那麼讓創意落實，靠的就是「收斂」過程。

這就是創造力的第五力——**精密力**發揮的地方。

太多的人，點子看似一堆，但許多都是沒經過思考，想到什麼就信口開河。這樣只是天馬行空亂想，想過就算了，沒辦法整合。不過即使如此，也比什麼都想不到，總是要等別人來交辦任務來得強。

創造力可以透過訓練來加強，方法就是結合腦力激盪與心智圖，讓二者相輔相成，透過一群人共同思考的腦力激盪，來讓後續應用心智圖工具時，獲得更好的成果。若

自己閉門造車，當然也可能有創新，但會有很大的局限，這在後面介紹如何透過心智圖工具來加強創造力時會進一步說明。

在具體落實應用心智圖於創造力時，有幾個基本原則，要讓參與腦力激盪的人遵守：

■ 必須接納所有的點子

所謂腦力激盪，是大家拋出「各種」想法，也就是不要有任何預設立場，一有預設立場，就等於畫上框框，有了框框就難以有創意。

因此，參加腦力激盪的人，要嚴格告訴自己，不要有任何預設立場，不要任何人一講出什麼，你就不屑的冷笑說：「這不可能」。

訓練自己，試著接觸各種新觀點，就算腦海裡冒出「你在開玩笑嗎？」「你在亂講些什麼啊？」「你是狀況外嗎？」等等想法，也要把這些思慮壓下去。因為就是這些過往的思維，阻擋你的腦袋發展出更多的可能。

■ 盡量天馬行空瘋狂的想

既然要你別對他人的點子預設立場，當然也要鼓勵自己不要設限，讓想法四處奔馳。誰說冰與火不能共存？有人就從冰火共存的方式開發出新的飲品。誰說男生不能敷面膜？就有化妝品公司研究出這方面產品。而那些點子，可能在最早被說出來的時候，都是被嘲笑的。

天馬行空是需要訓練的。先訓練自己不要凡事都覺得

不可能,再來要訓練自己,不要「自我否定」。想想,是否很多時候,例如在學校有問題想要向老師提問,或在公司商品會議時,自己有些獨特的 idea,卻只因為自己覺得「這講出來一定被笑」,於是都還沒開口,就被自己否決了。

這真的是世界上最可惜的事了。如果當年,牛頓一想到蘋果掉下來這代表地球有吸引力,然後接著說:「不行,這件事講出來我會被笑,甚至被當做妖言惑眾,怎麼辦?」如果當時他那樣想,世界會變得怎麼樣?物理學的發展可能會晚了好幾百年。

▌點子要多多益善

這點是在天馬行空的基礎上繼續延伸。既然我們可以天馬行空、什麼都想了,思考的方向不設限,思考的數量當然也可以不設限。就好比一個小朋友,原本被規定只能在自家後花園散步,後來他被允許可以到社區逛逛,甚至還可以走到社區以外的地方,世界變廣了,當然點子就多更多了。

多多益善,是腦力激盪最終可以發散出有用創新結果的重要因素,要站在「多」的基礎上,才能帶來下一步的發散效應。

▌延伸發想

為什麼自己一個人在家裡悶著頭想,很難能有新的創意?最主要原因就是在於無法「延伸發想」。所謂「站在巨人的肩膀,就可以看得更遠」,但前提是要有個巨人的

肩膀啊！相對來說，在腦力激盪的場合，一大特色就是你會聽到很多自己一個人根本想不到的事，所以與其他人一起腦力激盪時，要多看看別人提出的想法，從別人的想法去精進、延伸思考，更容易想出創意點子。也就是站在這個新的「巨人的肩膀」上，想出更多東西。

　　所以企業在開會的時候，有時會希望與會者不只是行銷企畫部，而是邀請包括行政管理、財務部、系統工程部等各個部門，大家一起來參與。老闆想要追求的效果，就是讓「同質性低」的人齊聚一堂，藉著提出完全不可能的思維，創造出讓大家彼此可以「搭思維便車」的機會。

　　曾經有家廣告公司，幾個頭腦頂尖的創意人員，想了幾天幾夜都想不出好的行銷專案，後來一個倒茶的小妹，不經意的一句話卻讓大家眼界大開，「原來還可以朝這個方向想？」那個女孩只不過是看到一個軟體包裝盒，但她不知道，還以為那是什麼音樂 CD 嗎？這一問才讓所有人員恍然大悟，原來對不懂軟體的人來說，她們眼中的軟體可能概念不一樣。

　　延伸發想、不設限，所有頂尖創意都是這樣來的。

　　當然，透過好的工具，才能事半功倍，下一節，我們就來應用心智圖，打造好的創意土壤。

善用心智圖，
打造好創意

心智圖是非常適合用在任何腦力激盪場合，以及各種思考決策場合的好工具。

因為心智圖設計的形式，就是適合讓我們延展性思考，透過一個主軸延伸的分支，往四面八方拓展各種可能，同時在不同的可能性之間，因為圖形的設計，又可以讓觀者一目了然。

心智圖的應用，剛好呼應我們大腦的思考方式，特別可以讓圖形與大腦相輔相成：大腦想到的，用心智圖紀錄；心智圖記下的，又可以刺激大腦想更多。

創意發想的基本方法

當我們進行創意發想時，有時可能會靈光一現，有時是慢慢測試自己的想法，有時會依據曾經證明有效的方式來仿做，基本上可以歸類為以下幾種基本模式。

▌神來一筆法

最有名的例子就是阿基米德，當年他接受國王給他的一個任務，要他想方法判別，金匠製造的王冠是真的純金？還是其實摻了銀在裡面？

阿基米德苦思多日，都沒想出解決辦法，結果一天在

洗澡時看到水溢出來，腦子裡電燈泡一亮，他想到了！還有像是牛頓的例子，他被樹上的蘋果砸到後，於是靈光一閃，想到地心引力的可能。

這些都是前無古人，在他們靈光一閃之前，世界上沒有人提出過同樣的理論，而在他們之後，人類科學史就改變了。

這就是神來一筆法。

▌實驗法

透過實驗來完成創意發想，這個方法也有舉世聞名的案例，那就是愛迪生。他透過一次又一次不氣餒的嘗試，在試了上千種材質後，最終發明了電燈泡。

這也是現代科技公司最常用的方法。台灣的半導體科技領先全球，但這中間很多的研發，是成千上萬工程師在實驗室裡辛苦熬著夜，才把一項項技術研發出來的。

以上兩種方法，各自有明顯的缺點。神來一筆是可遇而不可求的，不是任何人泡個澡，就會忽然想出什麼絕世創意。實驗法的缺點也非常明顯，就是曠日費時。因此，現代人們踩著前人的足跡，來尋找創新的方向。

▌模型法

利用前人已經發明出來的模型，可以幫助我們更有效率的產出創意點子。這裡我們特別來介紹一下「奔馳法（SCAMPER）」。

奔馳法由七個切入點所組成：替換（substitute）、整

合（combine）、調整（adapt）、修改（modify）、其他用途（put to other uses）、消除（eliminate）與重組（rearrange）。它是美國心理學家羅伯特‧艾伯爾（Robert F. Eberle）所創作，主要用於改善製程或改良事物。這七種改進或改變的面向，能協助檢核現有的產品或想法，並激發人們推敲出新的構想，奔馳法的七個面向，也可以作為創意的基本思考依據，在心智圖上，成為我們思考的七大枝幹。

替換（Substitute）

這個面向讓我們設想，對於現有的東西，是否有什麼可以「取代」？比如電動牙刷取代了傳統牙刷。比如門鎖的演進，以最精密的防盜領域來說，密碼鎖就有很多種形式，每種形式都是在「如何取代舊有模式」的思維上發展出來的。或是材質上的替換，例如一般啞鈴的材質是鐵，但把鐵改為塑膠，只要裝水一樣可以當啞鈴用。許多的現代生活應用，就是這樣誕生的。

裝了水就可用的啞鈴

整合（Combine）

　　把兩個原本似乎不搭軋的東西連結在一起，也可以變成是一種全新的產品。例如漢堡和沙發，一個是食物、一個是家具，二者似乎不可能結合在一起。但如果做成一個漢堡造型的沙發呢？那就變成很有趣味的風格家具。

　　此外，像是公車候車亭結合裝置藝術及花圃，或者保溫杯結合茶葉過濾器、結合澆水與噴水兩用的澆花壺等。整合的想法能帶來新的思維，以及新的商機。

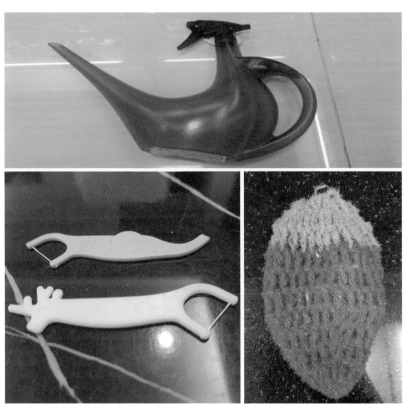

澆水與噴水兩用的澆花壺（上）、動物造型牙線（左下）、水果造型菜瓜布（右下）

調整（Adapt）

這個面向讓我們思考，針對現有的產品，能不能調整得更好？

例如很方便的打掃工具好神拖，只要用腳輕輕一踩，就可以甩乾水分，不像以前舊式拖把，必須用雙手辛苦的擰。都說「不便帶來改變」，據說發明人是位工程師，當初就是因為假日幫忙拖地，感受到老婆拖地後還要用雙手擰乾，冬天更是受罪，因此才發明出這種新設計。

又例如把湯匙打洞或是調整一下形狀，用在撈麵等其他用途更方便好用。調整方面的創意，有助於將現有的各種商品或應用，改造得更好。

心型鍋子（上）、撈麵用湯匙（下）

修改（Modify）

這種創新有很多型式，就好比有個節目叫「我變我變我變變變」，當我們將原本的某種商品變得更大、變得更小，或改變顏色，都可以成為一種新商品。

例如有掌上型的雨傘，或者當我們常見的灰色、黑色電腦等 3C 用品，以繽紛的色系現身時，也會帶來新的感覺。還有近幾年來流行的彩色飲料，都是一種修改式的創新。

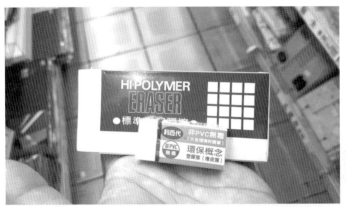

超大橡皮擦（上）、多種顏色的便利貼（下）

其他用途（Put to other uses）

把廢料回收再利用，做成其他東西，現在都已經變得很常見，例如把舊輪胎變成公園的盪鞦韆或是做成鞋子，都是改變用途的好範例。

另外，改變商品原本的慣性用法也是創新的一種，例如膠水就有許多新設計，將原本塗抹式改成單嘴注射式等等。

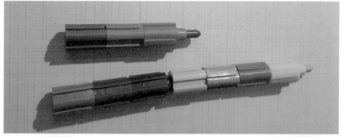

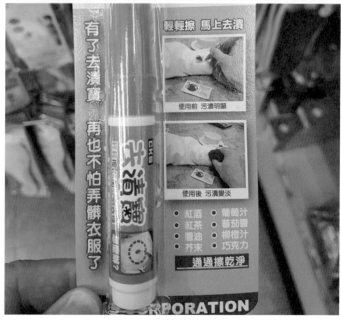

改變原本慣性用法的積木彩色筆（上）、以及去漬寶（下）

消除（Eliminate）

　　創新發明不見得是要「增加」什麼，有時候「減少」
什麼也是一種想法。現代單身、小家庭愈來愈多，過往許
多商品的大分量家庭包，對於單身生活並不方便，於是廠
商就推出適合一個人的義大利麵餐包、各種單人速食包等。
還有基於使用者需求所推出的一次性手機行動電源，或是
許多小餐館簡化流程、節省人力，從人工點餐改為投幣買
單點餐的方式，提供消費者不同的飲食體驗。

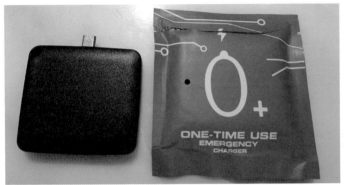

一次性充電寶（上）、自助點餐機（左）、小包裝鐵蛋（右）

重組（Rearrange）

這類的創新思考，包含反轉或各種拆開再組裝，比如反摺傘，反轉的設計將傘面由外向內收起，避免濕漉漉的傘面碰觸、沾濕他人。

另外，平時我們買水果，都是去水果行或大賣場等地方，但有人反轉這樣的思維，變成消費者可以自己在水果產地摘採，這就是觀光農場的概念。

反摺傘

以上各種創意法，主要都是以人腦思維的角度出發。但現在已經進入人工智慧的時代，我們創意主力還是靠人類智商，但若輔以大數據分析，將能做出更好的改變。

▋大數據法

以我們日常生活常會接觸到的包裹快遞來舉例，二十年前的包裹運送，只有郵局包裹一種選擇，現在不但多了各家民間快遞，並且收貨方式也更多樣，以前不能超商取貨，現在都有這樣的服務了。網購的普及，讓每家超商總堆滿待取的包裹；而以送貨速度來看，則是快還要更快。有業者標榜今日下訂、明日到貨，也有業者衝上午訂、下午就到貨的服務。之所以能培養出這種速度，其實是靠大數據的分析。

看看競爭更激烈的中國快遞市場。根據菜鳥網絡針對中國十一家物流公司的統計，在 2013 年時，一件貨物從訂貨到交件需要 9 天；2014 年是 6 天、2015 年是 4 天，到了2018 年則是 2.8 天。

但這是平均數字，如果時間、地點搭配得宜，甚至 12分 18 秒，客戶就可以收到貨物。那是什麼概念呢？當一個人訂貨的時候，貨品「早就準備好了」，才能應付客戶隨訂隨到。但重點是，為何商品會「準備好」呢？

這就是大數據的魅力。別以為大數據跟我們一般人沒關係，其實我們都活在大數據裡，並且每個人都是「大數據」的一份子。

除非有人日常生活中完全不用手機，也完全不用其他3C 產品，否則身在現代，當你每天打開手機的那一刻，你就在為大數據做貢獻。好比說你在哪裡打卡、去哪家餐廳吃飯、平常走路走哪條路線、上網愛瀏覽什麼網站、最近

幾個月網購都是買什麼商品，這些「資訊」都是大數據的一部分。並且這些數據，是你不得不提供的。就算你覺得，自己平常使用手機，並不上臉書打卡，但即使如此，手機本身還是會幫你定位，你去過哪裡，資料都已經上傳到雲端。

你是否發現，上網時經常會跳出一些頁面，對你提供一些貼心的資訊。例如你明天要去台中出差，上網想瀏覽台中資訊時，自動有網頁跳出台中咖哩飯餐廳的資訊，因為手機（以及背後連結的大數據雲端）已經「記得」你愛吃咖哩飯。手機還記得你喜歡穿哪個牌子的運動服、記得你喜愛哪個歌星，隨時隨地，大數據都會跳出頁面刺激你消費。

根本不需要廠商來問你問題，你已經主動提供了答案。過去廠商想了解市場在哪裡，必須花大錢做市調，但現在有了大數據，無時無刻都有各種資料數據主動送上門來。所以物流才能在短短時間內就把你的訂貨送到，因為他們早就算好你會訂這個商品，也早就預先準備好，只等你下單，就立刻出貨。而從前，是先收到訂單再去調貨，甚至缺貨還得等工廠再生產，那當然要等很久。

現在，如果你是某家企業的市場企畫人員，那你的創意，不論是商品設計、商品物流，或各種行銷方式，除了前面所提過的各類創意法外，現在還能結合大數據分析。有了更多資料，就能從改變製程、流程、商品設計、行銷模式等去提出更適合客戶、更貼切實用的新想法。這就是結合大數據法的創意。

💡 心智圖創意發想與 ALU 分析法收斂

前面提過「奔馳法」的七個創意思考角度，接著就要透過心智圖來訓練自己的創造力了。很簡單，就把上列奔馳法的七種角度，變成心智圖的七個枝幹。

首先，當然還是要選個主題。我們可以挑選身邊的任何東西作為訓練目標，若是剛好你的公司正想研發新產品，那麼就直接拿那個產品來練習吧！

▌奔馳法

這個產品要被放在心智圖的正中央，作為核心主題。假定主題就是日常生活最常見的手機，那麼，找一群同事一起來腦力激盪，我們可以發想出什麼新的手機呢？

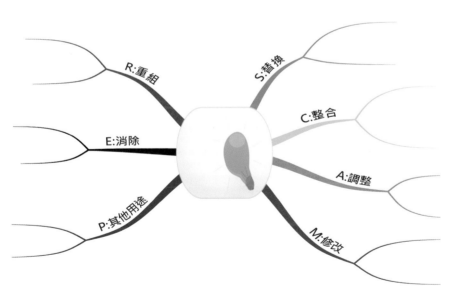

在心智圖延伸的七個枝幹，分別填上主標題，依序是：替換、整合、調整、修改、其他用途、消除以及重組。

在這個基礎上，所有成員分別對每個枝幹做腦力激盪。請記住前一節介紹過的腦力激盪原則，大家可以天馬行空、不預設立場，不斷提出想法。接著就在每個枝幹延伸出不同的點子。

▌ ALU 分析法

經過半小時或一小時後，我們手中的心智圖，應該已經有滿滿的創意。過程中你會發現，以前竟然沒想到可以將商品朝這種用途發想。

此時面對滿滿一紙的創意，我們必須暫停發散式思考，進入收斂流程。接下來，我們要使用 ALU 分析法（利弊分析法）來選擇值得落實的創意。

ALU 分析法的三個英文字母，分別代表利益（Advantages）、限制（Limitations）、獨特的連結（Unique Connection），從這三個角度來梳理方才所有的構想，並獲得把優點擴大、缺點去除的一個新想法。這個收斂創意的過程，分成四個步驟來進行：

❶ 假設這時心智圖上的每個枝幹都有兩個新創意，七個枝幹共有十四個創意。大家此時要聚焦，一一討論這十四個創意，各有什麼優點。

❷ 在發想時，大家可以天馬行空，但到了收斂階段，就要審慎評估了。逐一列出各個創意的優點，也逐一討論哪個

心智圖與創造力

❹

創意優點較多。然後在十四個創意中，只挑出大家共同認為比較優的其中幾個。

❸ 針對這幾個被特別圈選出來的創意項目，接著再分別列出它們的缺點。請記住，只針對被選出來的就好，已經被淘汰的其他創意，就不必再去分析了。

❹ 幾個候選的項目，這時都分別被列出優點跟缺點，並且透過心智圖，不同項目的對比也能一目了然。在這個階段，大家努力把優點再加強評估，看看是否可以再把優點放大；缺點同樣也放大檢視，看看能不能將缺點去除或減少。最終將會出現一個項目，是大家認為優點最多、缺點相對比較少的，它就是經過收斂篩選後所挑出來的創意，也是經評估後，比較可能落實的選項。

以上的練習，在實際企業應用上，就可做為研發新產品會議的參考。企畫案子時，也可以運用奔馳法與 ALU 分析法，想出富有創意的企畫案。

另外也有個重要概念跟讀者分享，就是零預算的企劃，這是長年在青商會擔任活動總幹事給我的訓練。青商會是公益社團，所以活動經費都要透過活動本身收入、找贊助、找各界合作等方式來籌措。在零預算的活動企畫訓練中，讓我有更多不同創意的想法、創新的點子。所以讀者們未來在做活動企畫時，也可以嘗試用零預算思維來發想看看。

創新產品發明練習，用奔馳法發散你的創意點子，用 ALU 分析法收斂你的想法，設計出新的手機。

4

心智圖與創造力

💡 創意標語發想

我們可以透過心智圖尋找創意，同樣也可以用它幫助我們做出商業行銷決策，包括想出好的行銷 Slogan、設定市場定位、設定消費族群等等。

一樣新商品問世了，但如何行銷是個難題。我們都知道，一個好的標題，可以決定商品的生命。明明是同樣的商品，但往往若搭配一個響亮的 Slogan，就可以帶來暢銷熱潮。

Slogan 也包含很多層級，像是中國信託的「We are Family」、華碩的「華碩品質，堅若磐石」，或者 FedEx 的「使命必達」，這些是整體企業的形象 Slogan；至於 Lexus 汽車的「專注完美，近乎苛求」，或者補給飲料蠻牛的「你累了嗎？」這是偏向商品本身的 Slogan。當我們創意發想時，有可能想出適合整個商品調性的主 Slogan，也可能想出適合不同場合的 Slogan。這也是心智圖的特性，透過這項工具，可以產生許多有意思的句子，

這裡假定，公司推出的新產品是綠茶。以此為例子，通過心智圖來發想標語。

首先在心智圖中央，放上這次要行銷的主力商品。當大家看著心智圖中央的主題產品，接著要做的，就是自由聯想。

這時候，就可以展現出大家齊聚一堂、腦力激盪的重

要。對於綠茶這個詞，有人聯想到旅遊、聯想到美麗的南投茶山、聯想到去貓空品茗；有人則聯想到健康，例如喝茶防癌、口氣清新等等。還有人朝經濟面想，想到了有機茶園以及新的商業模式，或想到綠茶是台灣的重要商品等。

在這一階段，依然是可以天馬行空、自由聯想，最終根據不同的思維，發展出不同的枝幹。例如一根枝幹叫做旅遊、一根枝幹叫做健康、一根枝幹叫做經濟等等……發展出六、七條主幹，每個主幹又延伸出相關的許多想法，例如想到旅遊，就有茶山、貓空等字眼。

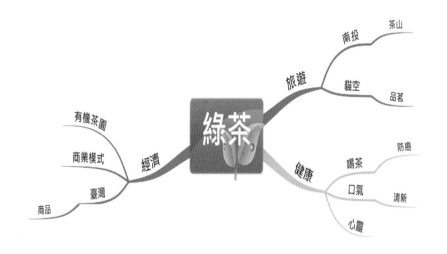

下一步，我們就可以看出心智圖的威力了，這也是只有靠心智圖才能做到的，那就是智慧重組。

現在，在我們面前攤開這張心智圖，我們看到以綠茶為核心散發出的各個枝幹中，條列出十幾、二十個名詞或動詞，而這些詞彙因為當初發想的角度不同，可能看起來

彼此風馬牛不相及。

但真的不相干嗎？

我們可以試著把 A 枝幹的某個字，和 B 枝幹的某個字連結。突然間，我們發現一句漂亮的 Slogan。

以下這句怎麼樣？

讓我們活得清新健康，就像擁抱一座茶山

這是從健康枝幹裡選出「清新」，再從旅遊枝幹裡選出「茶山」，兩者一結合，的確，喝茶就可以帶來清新爽口，而閉上眼睛，也可以想像自己有如雲遊在茶山般的愜意。

很好玩吧！

那麼再來試試這個：

讓在我們心裡開闢一座有機茶園

這是結合了經濟枝幹裡的「有機茶園」，再加上健康枝幹的「心靈健康」，想像喝了茶，整個身體像有機茶園般健康清新，帶來一種很美的意境。如果再搭配美美的廣告畫面，會很吸引人記得這產品。

從這個案例也可以看出，心智圖加上自由聯想，不只能夠刺激與會者想出獨特的 Slogan，在過程中也有助於訂

定行銷策略。在透過心智圖討論時，也會發現產品屬性可能適合什麼族群，例如對喜愛感性的年輕人族群，以前是以好喝角度來行銷綠茶，也許現在可以結合清新小旅行的概念來行銷。心智圖的自由聯想，能幫助行銷單位想到更多不同的創意。

發想心智圖創意標語 (Slogan)，主題：綠茶

你即將要辦一個課程或活動，用心智圖創意發想出課程或活動的名稱

落實心智圖，提升**美好人生**

　　本書走筆至此，也介紹了各式各樣的心智圖法應用，而在這裡還是要特別強調，心智圖是拿來「用」的。和各種企管理論或科學理論的最大區別，在於心智圖原本就是「工具」，若你具備深厚的理論思維，這世界上所有的理論都有可能結合心智圖，讓許多較為抽象的理論，成為可以落實的行動。

　　好比我們都聽過 DISC 人格特質測驗、ESBI 財富四象限，以及像是八二法則、長尾理論等。這些理論如果只是當成「知識」，例如誰的人格屬於孔雀型、誰又屬於無尾熊型，或知道自己財富領域屬於 E 的受雇者，這些都只是「知道」，很難對改變自己、提升人生高度有所幫助。

　　然而若是結合心智圖，卻可以讓理論落實，讓我們的學習，能對人生帶來正面的助益。有的學問可以改變心靈，帶來內心的新思維、新觀念；有的學問就是實做，例如如何修理汽車引擎、如何健康飲食。心智圖則是一項協助的工具，讓各類的學問最終化為改變人生的結果。

　　心智圖可以簡單快速的應用，例如聽一場演講抓住重點、分配下個月預算時作思考等等，它讓你可以短時間內下決定，並做出後續的「行動」。心智圖也能協助人們帶

心智圖與創造力

4

來更大的改變，包含公司領導決策團隊應用心智圖思考，訂出企業未來一年營運方針；科學家們應用心智圖釐清思緒，研究出改變人類的發明；國家領導人透過心智圖，為國家打造更高遠的格局。

心智圖絕對是非常「實用」、能夠影響深遠的，畢竟，學心智圖不像閱讀哲學，必須要腦中時時探索，心智圖就是要和各種生活實際上發生的事一起融入思考才有意義。

💡 創造力就像肌肉，每天都要運動才會變強

將心智圖實用在學習力、思考力、創意力上時，在學習力和思考力的效果都非常明顯。

當我們透過心智圖抓到對的學習方法，真正落實了所學，那學習就會改變腦袋、改變生活。當我們透過心智圖在職場上、工作上協助思考，最終都能變成提升組織成長的助力。

但在創意方面，心智圖帶來的助力或許沒有前兩者那麼明顯可見。

雖說人類文明突飛猛進，背後的一大動力就是創意，但也不可否認，人類絕大部分的創意可能都只是白日夢，畢竟，從創意到實用間，還有許多不同的因素影響。創意的可行性，牽涉到成本、文化以及各種周邊科技配合，而當初發想出創意的人，卻不見得有想到這些。然而，若要求所有創意都要可行才鼓勵人們發想，那世界上就沒有人

願意做夢了，因為大部分時候，夢想的確不易落實，可偏偏諸多夢想中，卻真的有可以改變世界、改變人類的重要夢想存在。

如何讓「圓夢」成為可能？心智圖就是最佳工具。

如果你是做營銷的，如何脫穎而出？這就有賴創意了。

營銷創意是指企業在制定營銷計畫過程中，所產生的創新理念或活動，或是針對產品、流程，或是針對廣宣，領域沒有局限，實際形式也沒有局限。畢竟創意就是「現在還沒想到的」，因此我們無法予以明確的設定。

但可以確定的，是當一個好的營銷創意出爐時，這個忽然出現的絕妙好點子會瞬間點亮了商機。許多商品的行銷造勢成功，背後往往都結合了好的營銷創意。

當然，營銷創意不能單靠天馬行空，更不能靠腦袋靈光一閃。以企業經營來說，營銷創意是要時時進行的，過程包括蒐集資源、腦力激盪、結合時事等，每一個環節若能結合心智圖，都可以更有效率的進行。在本書，也介紹了許多種如何快速蒐集整理資訊、如何腦力激盪等流程。

此外，讀者們也可以廣泛在過往成功商業案例中找參考資料，例如透過與藝術經典作品結合的行銷，或是與新聞事件結合的行銷等等。這並不侷限在企業行銷上，其實打造個人品牌、甚至是談戀愛前的追求等，創意力都可以為我們帶來新發展。

要如何成為有創意的人？創造力就像肌肉，每天都要運動才會變強。當你在想創意點子的時候，剛開始要強迫自己一定要想出十個以上的點子，或許你會覺得很困難，但這就好像運動一樣，當你強迫自己去運動，第一天覺得很累、第二天覺得更累，第三天想要放棄，不過如果堅持了一個月，你會發現，你的肌肉變結實了、身體更健康了。大腦的創造力也是一樣，要透過練習才會愈來愈強大，經過練習，你也可以成為有創意的人！

　　心智圖是用來改變人生的，讓自己變得更好、更有效率、更幸福。

　　一切的美好都來自於行動，因為行動讓空想變成現實。

　　希望每位讀者都能善用心智圖，提升自己的美好人生。

■ 用心智圖創造廣告，大大增加廣告效果

王芝鈴

　　廣告廣告，日常生活中，隨處都可以看見各種廣告。從前時代，只有電線桿、公佈欄，還有信箱裡塞滿的 DM 等廣告單，現在則透過各式各樣的媒體，廣告無處不在。

　　身為一般消費者都覺得自己迷失在廣告海裡，那如果你是個廣告主，想在眾多廣告中脫穎而出、獲得消費者更多的青睞，該怎麼做呢？心智圖，正是一個最佳的工具。

　　以房仲來說，這是個很競爭的行業，一般的房仲廣告單，儘管文案可能華麗，但形式都千篇一律，反正就是條列屋況，寫著環境優、近學區、屋主急脫手、請把握機會，意者請洽……等等。看多了，消費者早就感覺麻痺了。但如果如下圖，那消費者可能就會受吸引，不是因為什麼美觀的設計，而是清楚明瞭，讓消費者一眼就抓住重點。

❹

心智圖與創造力

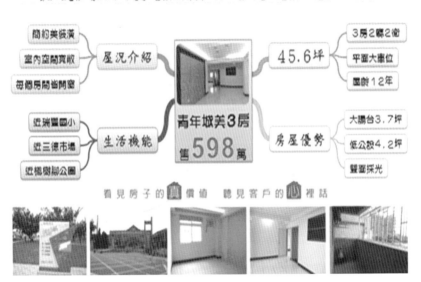

■ 用心智圖創新教學，高效解決客戶問題

勞動部共通核心職能講師 林玉婷

開始接觸心智圖，是從網路上發現XMind後下載自學，發現這個簡單易學的工具超級好用，也常常跟好友與學員們分享，無形中也成為XMind的快樂分享者。

直到接觸聖凱老師的心智圖師資班，才了解心智圖原來是有其規則及相關技巧，透過老師課程的引導與實作，發現手繪和電腦繪製的差別。

以電腦繪製心智圖非常便利，但兩者使用上的思維與邏輯卻完全不同；運用手繪心智圖，你會發現除了理解與記憶上會比電腦繪製容易外，更易激發想像力與創意。因此，我會依據需求不同兩者交互使用。

熟練心智圖規則與應用技巧後，讓我發揮的效益更強大。除了在工作規畫與教案設計上大大縮短了準備時間，也讓我在教學過程中變得有效、有用又有趣，同時還得到企業與學員們更高的認同與肯定。

記得在一次企業授課過程中，學員提出該公司的核心競爭力是以提供客製化的服務取得同業無法取代的優勢，因研發與設計能力強，是以多樣少量的生產可以滿足不同屬性與不同階層的客群。唯面臨最大的挑戰是原物料都來自海外，因此在採購與倉儲管理上，常面臨很大的挑戰！各部門

間常因認知落差，不時引起採購、交期、業務、客戶間的摩擦，無形中增加公司許多無謂的成本與信譽的損傷。

因此我請學員共同討論，將此問題的相關作業運用心智圖畫出來，每個人再依據自己工作流程將上游和下游的關係進行拆解，最後請大家再把自己拆解好的工作，依據實際流程拼接完成。當模擬出完整的作業流程時，所有人都跳脫自己原來的框架，摒棄自己崗位的立場與思維，快

速討論出問題的癥結與解決方案！形成共識後，隨即協調出新創的流程與工作規則。

在這個活動中，不僅解決了該公司的問題，也讓同僚間的默契更上一層樓。與會學員透過這堂課，應用心智圖學習問題分析與解決、跨部門溝通、團隊共識、創新與創意等核心職能，讓學員更易表達與理解，最重要的是從問題拆解到方案產出不到兩小時，就解決了困擾他們已久的問題，難怪心智圖會成為許多國際知名企業與知名人士所仰賴的核心工具。

心智圖又稱為大腦的萬用瑞士刀，如何成讓心智圖成為自己的萬用工具，唯有「多用才會有用」！透過刻意練習與實務的應用，才能內化成為自己的萬用工具與思維。

▌用心智圖創新企畫，有效率又有創意

蘇柏蓉

　　我是一名皮紋諮商師，同時也是心理諮商師和心智圖講師，常常會接觸到不同類型的客戶，面對的問題也包山包海，例如經營管理、團隊溝通、兩性關係、親子教養、自我成長等等，因此有效率的學習進修及應用對我來說是不可或缺的技能之一。

應用心智圖在工作方面

　　「諮商客戶紀錄」的心智圖，是我之前在考心理諮商師證照時的讀書筆記，將一部分簡化後，應用到工作上做客戶紀錄。每個人就像一本書一樣精采而廣博，所以心智圖的中心才選用書本的圖像呈現，而在某些重點部分我也會另外增加小圖標，讓我更容易一眼就辨識出代表意涵，例如星型符號就是我會著重的重點項目。

　　這個心智圖幫助我在跟客戶會談時，有一個清楚完整的架構去詢問、了解得更透徹，以便提供更全面的協助。

　　「企劃 5W2H1E」的心智圖，是我跟客戶在聊系統化思考時常會舉例的模板，在寫企畫時常會運用大量的工具去做規畫，所以將工具的圖像直接呈現在心智圖的中心。

　　一般很常聽到 5W2H 這個架構，1E 比較不常聽到，而各方也對其內容有些許不同的解釋，所以我整合畫出一個

❹

心智圖與創造力

簡單又完整的企畫方法心智圖，讓許多客戶可以實際運用在生活及工作中，很方便地規畫各類大小事，例如公司活動專案、節日慶祝活動、個人生日派對等等。

　　而照著這個心智圖模板去思考時，會更完整地去考量很多面向，不會想了東忘了西，也能夠很放心在每個項目上天馬行空的發揮想像力，不用擔心想太遠回不來，因為

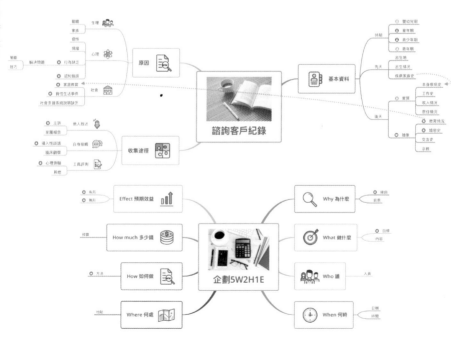

有一個架構在，就不怕規畫不聚焦了！

　　我之前在一間線上教育平台當專案經理時，公司每個月都要自行研發或是跟新的老師配合開發課程。之前雖然有個流程，但是細節很多，很容易忘記哪些事項還沒做，所以我用這個架構延伸幫公司畫出「新產品課程」和「課程行銷活動」的心智圖，讓負責人員和新進員工一目了然，不會有所遺落，縮短了將近 70% 的時間，讓老師和負責開發課程的人員都很滿意。因為有個模板好依循，討論效率也大幅提升，當然就不用再加班，心智圖真是讓大家皆大歡喜啊！

我用心智圖的心得與收穫

　　心智圖有效幫我提升系統性思考的推理力和規畫力，也加速我的理解力和記憶力。尤其在記憶牢固程度上，比起條列式筆記更能達到長期記憶的效果。

心智圖對表達力也有很大加分，因為表達很基本就是說跟寫，在畫心智圖的過程中就是在幫助整理大腦的思緒、釐清重點，有辦法寫得清楚，就有辦法說得漂亮，這對於我需要大量對話或講課的工作是很棒的一個工具！

▌用心智圖啟發小孩創造力，創意無限延伸

鄭雅文

　　許久以前，我就聽過「心智圖」學習法，但一直沒有辦法深入探究，透過王聖凱老師的指導，他帶著我們真正走進心智圖的世界。

　　以前，讀書的方式都是定點式的學習，常常都是見樹不見林，所以讀完後，隨即就忘記讀過了什麼，無法掌握到真正的重點。經由心智圖的學習方式，將每一個讀到的點連成線，再變成面，如此一大片一大片的學習，更有效率。

　　目前，我在幼兒園擔任老師，心智圖總可以在備課時派上用場，它幫助我很清晰的架構課程網絡，隨時都可以在網絡圖中加入自己的新想法，並於檢視課程內容時，去蕪存菁保留最好的部份。

　　當我們與幼兒進行故事內容討論時，以心智圖引導孩子思考，透過具有系統的呈現，大班的孩子很清楚知道整個故事的脈絡，這樣的上課方式，快速地連結老師與孩子的話題，孩子更能專注進入學習模式。

　　在家，我也是二寶媽，在陪孩子學習時，也是以心智圖方式進行引導，透過這個方式幫助他們更有效率學習。

　　心智圖讓思考進入系統化模式，它讓大腦不斷練習創造

力、圖案及文字，增加了孩子學習的動機，謝謝王聖凱老師，
讓我認識了美好的心智圖學習法。

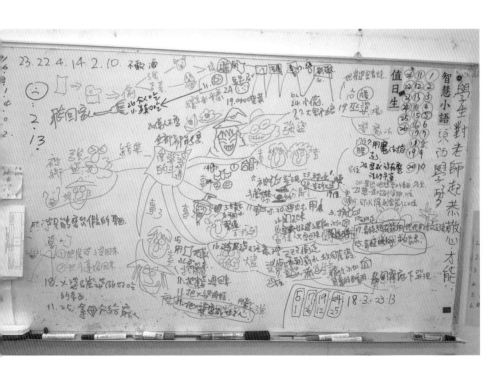

結語

你需要被**加薪**嗎？
心智圖是最好的幫手

感恩各位讀者的學習，現在，每個人應該都有了基礎的心智圖製作概念，也可以實際將這樣的圖應用在生活中各個層面。

當然，關鍵還是在「多用」。

「多用」包含的不只是次數多寡，也包含思維上的開放。上課的時候針對自己所學的科目、工作的時候針對本周主管交辦的任務，除了這些可以用心智圖之外，還有更多領域可以用到。

包含和女友約會，你可以試著思考討好女友讓她快樂的方法，包含送禮、吃飯、約會地點等等，其實可以製作出一張心智圖。在家裡，老媽不太懂智慧手機的用法，你教她幾次了，她還是常常忘東忘西，畢竟在她成長時代沒有 3C，這時候，如果你可以畫一張心智圖，簡單明瞭的把手機各種應用畫出來給媽媽看，那你真是個孝順的好青年。

不只是應用領域開放，包括應用場合、應用素材也都別設限。場合方面不只在辦公室，也許你是老師，上課的時候就可以隨手在黑板上畫個心智圖輔助教學。甚至是開牛肉麵店的老闆，也可以在店裡掛張心智圖，列出本店的食材以及與健康的關係，客人絕對會稱讚這老闆很有巧思，

4

結語

甚至還會吸引媒體報導呢！至於素材，也是不要設限，基本的做法如同本書所說要找張白紙，但特殊狀況，例如在外地旅行，隨手拿張便條紙、廣告傳單的背面，或筆記本的一頁，甚至是在泥土地上，就用樹枝簡單的畫個心智圖，那又有何不可？假想你在登山路上，有點迷路了，為了釐清思緒，於是蹲在地上，邊思考邊畫心智圖，這舉動搞不好還救你一命呢！

心智圖，真的是可以帶給我們很多助益的生活最佳輔助工具。

別忘了，心智圖除了實際上可以協助解決用題，在使用的「過程中」更是一種腦力訓練。專家們不都說，腦子不用會生鏽嗎？多多用腦的人，也比較可以活得年輕些。

所以我鼓勵大家天天用心智圖，不一定要碰到狀況才用，當然，在工作上應用心智圖可以增進效率，但平常沒事的時候，透過心智圖來鍛鍊腦力，也很重要。

我們應用心智圖的目的，除了增進各種效率外，其最終的結果，還是要導引出更好的人生。

怎麼說呢？心智圖有那麼偉大嗎？

其實，如同本書前面章節也提過的，心智圖可以幫助我們思考生涯規畫、幫助我們在重大人生關卡上做抉擇，這些固然重要，但除此之外，人生幸福與否，不可諱言還是與自身「財富」有關。說白點，能賺大錢的人，比較容

易過富足的生活，至少，有錢的人生活選項比較多。而心智圖在實用面上，就是要讓你變成富足的人。

首先，找到對的工作領域，做對抉擇就是人生是否能富足的基本關鍵。

而在職場上，如何在眾多競爭者中脫穎而出？老闆注重的除了操守，重點還是要「有本事」。一個善用心智圖的人，肯定在各個領域都能表現傑出：

在會議上，能夠提出更棒的點子；

在管理上，能夠更清楚的釐清問題點；

在業績上，能夠明確的設定目標、達成目標；

在營業上，能夠面對問題處理問題、還能創造新觀點。

這樣的人，絕對是企業裡可以更上一層樓的人。

經常應用心智圖的人，也絕對是個反應靈敏、思慮清晰者。這樣的人最終總是可以被升任高階主管，或者自己創業，經營自己成功的人生。

而這樣的人，再將心智圖應用於理財方面，也可以更清楚判別不同的理財項目，對投資更加一目了然，不會盲目投資。結論是，他會更快速累積財富。

所以，善用心智圖的人，就是會成為一個富足的人。

你需要被加薪嗎？心智圖會是你的好幫手。老闆只會為值得的人加薪，也就是工作上可以「物超所值」的人，

當你幫公司賺的錢遠遠大過你獲得的報酬，這樣的人老闆最喜歡。

而就算你不是上班族，是自營商、是小店老闆、是 Soho 族都一樣，透過心智圖應用，可以讓你在產業裡脫穎而出。你提出的企畫書、商品規畫，就是比別人好，這樣的你自然也會被加薪。幫你加薪的不是老闆，而是整個消費群眾。

親愛的讀者，恭喜你即將成為被加薪的人。

請記住活學活用，任何的問題，也歡迎透過 line 或 Email 和我聯絡。

感恩共同學習，共創美好未來。

——中華心智圖協會創辦人 王聖凱

附錄一

世界心智圖錦標賽

　　世界心智圖錦標賽（World Mind Mapping Championships）是由「世界大腦先生」東尼・博贊（Tony Buzan）和國際象棋特級大師、英國勳章（OBE）獲得者雷蒙德・基恩爵士（Raymond Keene）於 2009 年共同創立。

　　按照世界心智圖協會規定的賽制，心智圖錦標賽共有三大項目：聽記、閱讀和自由創作。分別考驗選手對聲音資訊、圖文資訊的捕捉整理歸納的能力，以及左右腦協作發揮個性風格創意表達的能力。

王聖凱老師與參賽者合影（左上）、王聖凱老師擔任 2018 世界心智圖錦標賽頒獎嘉賓（左中）、王聖凱老師與世界心智圖錦標賽裁判長合影（右上）、2018 世界心智圖錦標賽嘉賓與裁判合影（下）

世界腦力錦標賽

　　世界腦力錦標賽（World Memory Championships）是
由「世界大腦先生」東尼‧博贊（Tony Buzan）和國際象
棋特級大師、英國勳章（OBE）獲得者雷蒙德‧基恩爵士
（Raymond Keene）於 1991 年發起，由世界記憶運動理事
會（WMSC）組織的世界高水平腦力競技賽事，被譽為人
類大腦運動的「奧林匹克」！

❹

結語

2017 年世界賽，王聖凱老師與蒙古隊合照（左上）、王聖凱老師與 8 屆世界腦力錦標賽冠軍
Dominic 合影（右上）、2018 世界腦力錦標賽（左下）、2018 亞太腦力錦標賽（右下）

迄今為止，世界腦力錦標賽已在以下國家成功舉辦：英國、美國、中國、澳大利亞、南非、新加坡、德國、馬來西亞和墨西哥等。大賽選手成績不斷刷新人類記憶技術的極限，新記錄可直接記入世界金氏記錄而無需審核。

世界腦力錦標賽是大腦思維運動領域極具全球影響力的國際性賽事。每年都有來自世界各地三十多個國家、數以萬計的記憶選手報名參加，它代表了目前世界上記憶技術領先水平的國際性大腦思維競技賽事。

經過二十多年的發展，一年一度的世界腦力錦標賽已成為全球腦力界的盛會，吸引了來自不同國度的參賽者和觀眾，並成為各國媒體競相關注的焦點。

王聖凱老師擔任 2018 年世界腦力錦標賽頒獎嘉賓

附錄三
學員感想

　　桃李滿天下的王聖凱老師終於要出書了！也許你還沒上過王老師的課，但相信也能透過閱讀這本書，感受到王老師的幽默風趣，甚至對人類腦記憶有了全新的認知，更幸運的是如果你正在找一個更有效率的學習方法，那就從這本書開始吧！

　　我在 103 年透過王老師開設職場菁英五力的課程與王老師結識，當時被其中的簡報力所吸引，就是衝著要學習如何做簡報而來，沒想到課程結束後，運用老師上課所教的方法，讓我真的做出與眾不同的吸睛簡報。除此之外，包含記憶力、溝通力、想像力等等，都提升了人生的裝備啊！因為這是一個讓您適用在每個年齡層、百家各業的思考導覽地圖。

　　非常感謝老師讓我上了數堂基礎課程後可以晉升到師資培訓班，對於心智圖的學習進入不同的階段領域。

　　使用心智圖的學習，是化繁為簡的過程，所以在我們要將原本大量文字的訊息轉化為圖示時，可能一個 TOPIC 會作出很多張圖，千萬別擔心！您正在上手！

　　如果您是心智圖的初學者，很高興您選對一本很適合您的書！

——桃李之一　宥樺

❹
結語

心智圖思考力：

加薪的祕密武器，用腦提升職場競爭力，
王聖凱教你有效提升問題分析與解決能力、創意思考能力

作　　　者／王聖凱
美術編輯／申朗設計
企畫選書人／賈俊國
責任編輯／黃欣

總　編　輯／賈俊國
副總編輯／蘇士尹
編　　　輯／高懿萩
行銷企畫／張莉滎‧廖可筠‧蕭羽猜

發　行　人／何飛鵬
法律顧問／元禾法律事務所王子文律師
出　　　版／布克文化出版事業部
　　　　　　台北市中山區民生東路二段 141 號 8 樓
　　　　　　電話：(02)2500-7008　傳真：(02)2502-7676
　　　　　　Email：sbooker.service@cite.com.tw
發　　　行／英屬蓋曼群島商家庭傳媒股份有限公司城邦分公司
　　　　　　台北市中山區民生東路二段 141 號 2 樓
　　　　　　書虫客服服務專線：(02)2500-7718；2500-7719
　　　　　　24 小時傳真專線：(02)2500-1990；2500-1991
　　　　　　劃撥帳號：19863813；戶名：書虫股份有限公司
　　　　　　讀者服務信箱：service@readingclub.com.tw
香港發行所／城邦（香港）出版集團有限公司
　　　　　　香港灣仔駱克道 193 號東超商業中心 1 樓
　　　　　　電話：+852-2508-6231　　傳真：+852-2578-9337
　　　　　　Email：hkcite@biznetvigator.com
馬新發行所／城邦（馬新）出版集團 Cité (M) Sdn. Bhd.
　　　　　　41, Jalan Radin Anum, Bandar Baru Sri Petaling,
　　　　　　57000 Kuala Lumpur, Malaysia
　　　　　　電話：+603- 9057-8822　　傳真：+603- 9057-6622
　　　　　　Email：cite@cite.com.my
印　　　刷／韋懋實業有限公司
初　　　版／2019 年 07 月　　　初版 3 刷／2023 年 03 月
售　　　價／350 元
I S B N／978-957-9699-99-0